아이가 주인공인 책

아이는 스스로 생각하고 성장합니다.
아이를 존중하고 가능성을 믿을 때
새로운 문제들을 스스로 해결해 나갈 수 있습니다.

<기적의 학습서>는 아이가 주인공인 책입니다.
탄탄한 실력을 만드는 체계적인 학습법으로
아이의 공부 자신감을 높여줍니다.

가능성과 꿈을 응원해 주세요.
아이가 주인공인 분위기를 만들어 주고,
작은 노력과 땀방울에 큰 박수를 보내 주세요.
<기적의 학습서>가 자녀교육에 힘이 되겠습니다.

의 학습 다짐

기적의 계산법을 언제 어떻게 공부할지
스스로 약속하고 실천해요!

1 나는 하루에
기적의 계산법 ⬤ 장을 풀 거야.

얼마나?

내가 지킬 수 있는 공부량을 스스로 정해보세요. 하루에 한 장을
풀면 좋지만, 빨리 책 한 권을 끝내고 싶다면 2장씩 풀어도 좋아요.

2 나는 매일

언제?

에 공부할 거야.

아침 먹고 학교 가기 전이나 저녁 먹은 후에 해도 좋고, 학원 가기
전도 좋아요. 되도록 같은 시간에, 스스로 정한 양을 풀어 보세요.

3 딴짓은 No!
연산에만 딱 집중할 거야.

과자 먹으면서? No! 엄마와 얘기하면서? No!
한 장을 집중해서 풀면 30분도 안 걸려요. 책상에 바르게 앉아
오늘 풀어야 할 목표량을 해치우세요.

4 문제 하나하나 바르게 풀 거야.

느리더라도 자신의 속도대로 정확하게 푸는 것이 중요해요.
처음부터 암산하지 말고, 자연스럽게 암산이 가능할 때까지
훈련하면 문제를 푸는 시간은 저절로 줄어들어요.

11단계	공부한 날짜	A	평균 시간 : 1분 30초		B	평균 시간 : 1분 30초	
			걸린 시간	맞은 개수		걸린 시간	맞은 개수
1일차	/		분 초	/15		분 초	/27
2일차	/		분 초	/15		분 초	/27
3일차	/		분 초	/15		분 초	/27
4일차	/		분 초	/15		분 초	/27
5일차	/		분 초	/15		분 초	/27

12단계	공부한 날짜	A	평균 시간 : 2분 50초		B	평균 시간 : 3분 30초	
			걸린 시간	맞은 개수		걸린 시간	맞은 개수
1일차	/		분 초	/30		분 초	/30
2일차	/		분 초	/30		분 초	/30
3일차	/		분 초	/30		분 초	/30
4일차	/		분 초	/30		분 초	/30
5일차	/		분 초	/30		분 초	/30

13단계	공부한 날짜	A	평균 시간 : 2분 50초		B	평균 시간 : 3분	
			걸린 시간	맞은 개수		걸린 시간	맞은 개수
1일차	/		분 초	/30		분 초	/25
2일차	/		분 초	/30		분 초	/25
3일차	/		분 초	/30		분 초	/25
4일차	/		분 초	/30		분 초	/25
5일차	/		분 초	/30		분 초	/25

14단계	공부한 날짜	A	평균 시간 : 4분 20초		B	평균 시간 : 3분 30초	
			걸린 시간	맞은 개수		걸린 시간	맞은 개수
1일차	/		분 초	/30		분 초	/25
2일차	/		분 초	/30		분 초	/25
3일차	/		분 초	/30		분 초	/25
4일차	/		분 초	/30		분 초	/25
5일차	/		분 초	/30		분 초	/25

15단계	공부한 날짜	A	평균 시간 : 4분 20초		B	평균 시간 : 4분 10초	
			걸린 시간	맞은 개수		걸린 시간	맞은 개수
1일차	/		분 초	/30		분 초	/24
2일차	/		분 초	/30		분 초	/24
3일차	/		분 초	/30		분 초	/24
4일차	/		분 초	/30		분 초	/24
5일차	/		분 초	/30		분 초	/24

16단계	공부한 날짜	A	평균 시간 : 5분 10초		B	평균 시간 : 5분 50초	
			걸린 시간	맞은 개수		걸린 시간	맞은 개수
1일차	/		분 초	/24		분 초	/30
2일차	/		분 초	/24		분 초	/30
3일차	/		분 초	/24		분 초	/30
4일차	/		분 초	/24		분 초	/30
5일차	/		분 초	/24		분 초	/30

17단계	공부한 날짜	A	평균 시간 : 5분 50초		B	평균 시간 : 6분 50초	
			걸린 시간	맞은 개수		걸린 시간	맞은 개수
1일차	/		분 초	/24		분 초	/30
2일차	/		분 초	/24		분 초	/30
3일차	/		분 초	/24		분 초	/30
4일차	/		분 초	/24		분 초	/30
5일차	/		분 초	/24		분 초	/30

18단계	공부한 날짜	A	평균 시간 : 5분 30초		B	평균 시간 : 6분 30초	
			걸린 시간	맞은 개수		걸린 시간	맞은 개수
1일차	/		분 초	/24		분 초	/30
2일차	/		분 초	/24		분 초	/30
3일차	/		분 초	/24		분 초	/30
4일차	/		분 초	/24		분 초	/30
5일차	/		분 초	/24		분 초	/30

19단계	공부한 날짜	A	평균 시간 : 7분 20초		B	평균 시간 : 7분	
			걸린 시간	맞은 개수		걸린 시간	맞은 개수
1일차	/		분 초	/20		분 초	/30
2일차	/		분 초	/20		분 초	/30
3일차	/		분 초	/20		분 초	/30
4일차	/		분 초	/20		분 초	/30
5일차	/		분 초	/20		분 초	/30

20단계	공부한 날짜	A	걸린 시간	맞은 개수	B	걸린 시간	맞은 개수
1일차	/		분 초	/5		분 초	/10
2일차	/		분 초	/5		분 초	/10
3일차	/		분 초	/5		분 초	/10
4일차	/		분 초	/5		분 초	/10
5일차	/		분 초	/10		분 초	/3

※20단계는 매일 다른 내용으로 공부해요. 시간을 재는 것보다 방정식에 익숙해지는 연습을 하세요.

나만의
학습 기록표

책상 위에, 냉장고에, 어디든 내 손이 닿는 곳에 붙여 두세요.

매일매일 공부하면서 걸린 시간과 맞은 개수를 기록하면

어제보다, 지난주보다, 지난달보다 한 뼘 자란 내 실력을 알 수 있어요.

 길벗스쿨

기적의 계산법

초등1학년

2권

기적의 계산법 · 2권

초판 발행 2021년 12월 20일
초판 10쇄 2024년 7월 31일

지은이 기적학습연구소
발행인 이종원
발행처 길벗스쿨
출판사 등록일 2006년 7월 1일
주소 서울시 마포구 월드컵로 10길 56(서교동)
대표 전화 02)332-0931 | **팩스** 02)333-5409
홈페이지 school.gilbut.co.kr | **이메일** gilbut@gilbut.co.kr

기획 이선정(dinga@gilbut.co.kr) | **편집진행** 이선정, 홍현경
제작 이준호, 손일순, 이진혁 | **영업마케팅** 문세연, 박선경, 박다슬 | **웹마케팅** 박달님, 이재윤, 이지수, 나혜연
영업관리 김명자, 정경화 | **독자지원** 윤정아
디자인 정보라 | **표지 일러스트** 김다예 | **본문 일러스트** 김지하
전산편집 글사랑 | **CTP 출력·인쇄·제본** 예림인쇄

ISBN 979-11-6406-399-4 64410
(길벗 도서번호 10810)

정가 9,000원

독자의 1초를 아껴주는 정성 길벗출판사

길벗스쿨 | 국어학습서, 수학학습서, 유아학습서, 어학학습서, 어린이교양서, 교과서 school.gilbut.co.kr
길벗 | IT실용서, IT/일반 수험서, IT전문서, 경제실용서, 취미실용서, 건강실용서, 자녀교육서 www.gilbut.co.kr
더퀘스트 | 인문교양서, 비즈니스서
길벗이지톡 | 어학단행본, 어학수험서

연산, 왜 해야 하나요?

"계산은 계산기가 하면 되지,
다 아는데 이 지겨운 걸 계속 풀어야 해?"
아이들은 자주 이렇게 말해요. 연산 훈련, 꼭 시켜야 할까요?

1. 초등수학의 80%, 연산

초등수학의 5개 영역 중에서 가장 많은 부분을 차지하는 것이 바로 수와 연산입니다. 절반 정도를 차지하고 있어요.

그런데 곰곰이 생각해 보면 도형, 측정 영역에서 길이의 덧셈과 뺄셈, 시간의 합과 차, 도형의 둘레와 넓이처럼

다른 영역의 문제를 풀 때도 마지막에는 연산 과정이 있죠.

이때 연산이 충분히 훈련되지 않으면 문제를 끝까지 해결하기 어려워집니다.

초등학교 수학의 핵심은 연산입니다. 연산을 잘하면 수학이 재미있어지고 점점 자신감이 붙어서 수학을 잘할 수 있어요.

연산 훈련으로 아이의 '수학자신감'을 키워주세요.

2. 아깝게 틀리는 이유, 계산 실수 때문에!
시험 시간이 부족한 이유, 계산이 느려서!

1, 2학년의 연산은 눈으로도 풀 수 있는 문제가 많아요. 하지만 고학년이 될수록 연산은 점점 복잡해지고,

한 문제를 풀기 위해 거쳐야 하는 연산 횟수도 훨씬 많아집니다. 중간에 한 번만 실수해도 문제를 틀리게 되죠.

아이가 작은 연산 실수로 문제를 틀리는 것만큼 안타까울 때가 또 있을까요?

어려운 글도 잘 이해했고, 식도 잘 세웠는데 아주 작은 실수로 문제를 틀리면 엄마도 속상하고, 아이는 더 속상하죠.

게다가 고학년일수록 수학이 더 어려워지기 때문에 계산하는 데 시간이 오래 걸리면 정작 문제를 풀 시간이 부족하고,

급한 마음에 실수도 종종 생깁니다.

가볍게 생각하고 그대로 방치하면 중·고등학생이 되었을 때 이 부분이 수학 공부에 치명적인 약점이 될 수 있어요.

공부할 내용은 늘고 시험 시간은 줄어드는데, 절차가 많고 복잡한 문제를 해결할 시간까지 모자랄 수 있으니까요.

연산은 쉽더라도 정확하게 푸는 반복 훈련이 꼭 필요해요. 처음 배울 때부터 차근차근 실력을 다져야 합니다.

처음에는 느릴 수 있어요. 이제 막 배운 내용이거나 어려운 연산은 손에 익히는 데까지 시간이 필요하지만,

정확하게 푸는 연습을 꾸준히 하면 문제를 푸는 속도는 자연스럽게 빨라집니다.

꾸준한 반복 학습으로 연산의 '정확성'과 '속도' 두 마리 토끼를 모두 잡으세요.

연산, 이렇게 공부하세요.

연산을 왜 해야 하는지는 알겠는데, 어떻게 시작해야 할지 고민되시나요?
연산 훈련을 위한 다섯 가지 방법을 알려 드릴게요.

1 매일 같은 시간, 같은 양을 학습하세요.

공부 습관을 만들 때는 학습 부담을 줄이고 최소한의 시간으로 작게 목표를 잡아서 지금 할 수 있는 것부터 시작하는 것이 좋습니다. 이때 제격인 것이 바로 연산 훈련입니다. '얼마나 많은 양을 공부하는가'보다 '얼마나 꾸준히 했느냐'가 연산 능력을 키우는 가장 중요한 열쇠거든요.

매일 같은 시간, 하루에 10분씩 가벼운 마음으로 연산 문제를 풀어 보세요. 등교 전이나 하교 후, 저녁 먹은 후에 해도 좋아요. 학교 쉬는 시간에 풀 수 있게 책가방 안에 한 장 쏙 넣어줄 수도 있죠. 중요한 것은 매일, 같은 시간, 같은 양으로 아이만의 공부 루틴을 만드는 것입니다. 메인 학습 전에 워밍업으로 활용하면 짧은 시간 몰입하는 집중력이 강화되어 공부 부스터의 역할을 할 수도 있어요.

아이가 자라고, 점점 공부할 양이 늘어나면 가장 중요한 것이 바로 매일 공부하는 습관을 만드는 일입니다. 어릴 때부터 계획하고 실행하는 습관을 만들면 작은 성취감과 자신감이 쌓이면서 다른 일도 해낼 수 있는 내공이 생겨요.

토독, 한 장씩 가볍게!

한 장과 한 권은 아이가 체감하는
부담이 달라요. 학습량에 대한
부담감이 줄어들면 아이의 공부 습관을
더 쉽게 만들 수 있어요.

2 반복 학습으로 '정확성'부터 '속도'까지 모두 잡아요.

피아노 연주를 배운다고 생각해 보세요. 처음부터 한 곡을 아름답게 연주할 수 있나요? 악보를 읽고, 건반을 하나하나 누르는 게 가능해도 각 음을 박자에 맞춰 정확하고 리듬감 있게 멜로디로 연주하려면 여러 번 반복해서 연습하는 과정이 꼭 필요합니다. 수학도 똑같아요. 개념을 알고 문제를 이해할 수 있어도 계산은 꼭 반복해서 훈련해야 합니다. 수나 식을 계산하는 데 시간이 걸리면 문제를 풀 시간이 모자라게 되고, 어려운 풀이 과정을 다 세워놓고도 마지막 단순 계산에서 실수를 하게 될 수도 있어요. 계산 방법을 몰라서 틀리는 게 아니라 절차 수행이 능숙하지 않아서 오작동을 일으키거나 시간이 오래 걸리는 거랍니다. 꾸준하게 같은 난이도의 문제를 충분히 반복하면 실수가 줄어들고, 점점 빠르게 계산할 수 있어요. 정확성과 속도를 높이는 데 중점을 두고 연산 훈련을 해서 수학의 기초를 튼튼하게 다지세요.

One Day 반복 설계

하루 1장, 2가지 유형
동일 난이도로 5일 반복

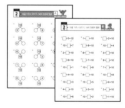

×5

3 반복은 아이 성향과 상황에 맞게 조절하세요.

연산 학습에 반복은 꼭 필요하지만, 아이가 지치고 수학을 싫어하게 만들 정도라면 반복하는 루틴을 조절해 보세요. 아이가 충분히 잘 알고 잘하는 주제라면 반복의 양을 줄일 수도 있고, 매일이 너무 바쁘다면 3일은 연산, 2일은 독해로 과목을 다르게 공부할 수도 있어요. 다만 남은 일차는 계산 실수가 잦을 때 다시 풀어보기로 아이와 약속해 두는 것이 좋아요.

아이의 성향과 현재 상황을 잘 살펴서 융통성 있게 반복하는 '내 아이 맞춤 패턴'을 만들어 보세요.

계산법 맞춤 패턴 만들기

1. 단계별로 3일치만 풀기
3일씩만 풀고, 남은 2일치는 시험 대비나 복습용으로 쓰세요.

2. 2단계씩 묶어서 반복하기
1, 2단계를 3일치씩 풀고 다시 1단계로 돌아가 남은 2일치를 풀어요. 교차학습은 지식을 좀더 오래 기억할 수 있도록 하죠.

4 응용 문제를 풀 때 필요한 연산까지 연습하세요.

연산 훈련을 충분히 하더라도 실제로 학교 시험에 나오는 문제를 보면 당황할 수 있어요. 아이들은 문제의 꼴이 조금만 달라져도 지레 겁을 냅니다.

특히 모르는 수를 □로 놓고 식을 세워야 하는 문장제가 학교 시험에 나오면 아이들은 당황하기 시작하죠. 아이 입장에서 기초 연산으로 해결할 수 없는 □ 자체가 낯설고 어떻게 풀어야 할지 고민될 수 있습니다.

이럴 때는 식 4+□=7을 7-4=□로 바꾸는 것에 익숙해지는 연습해 보세요. 학교에서 알려주지 않지만 응용 문제에는 꼭 필요한 □가 있는 식을 훈련하면 연산에서 응용까지 쉽게 연결할 수 있어요. 스스로 세수를 하고 싶지만 세면대가 너무 높은 아이를 위해 작은 계단을 놓아준다고 생각하세요.

초등 방정식 훈련

초등학생 눈높이에 맞는 □가 있는 식 바꾸기 훈련으로 한 권을 마무리하세요. 문장제처럼 다양한 연산 활용 문제를 푸는 밑바탕을 만들 수 있어요.

5 아이 스스로 계획하고, 실천해서 자기공부력을 쑥쑥 키워요.

백 명의 아이들은 제각기 백 가지 색깔을 지니고 있어요. 아이가 승부욕이 있다면 시간 재기를, 계획 세우는 것을 좋아한다면 스스로 약속을 할 수 있게 돕는 것도 좋아요. 아이와 많은 이야기를 나누면서 공부가 잘되는 시간, 환경, 동기 부여 방법 등을 살펴보고 주도적으로 실천할 수 있는 분위기를 만드는 것이 중요합니다.

아이 스스로 계획하고 실천하면 오늘 약속한 것을 모두 끝냈다는 작은 성취감을 가질 수 있어요. 자기 공부에 대한 책임감도 생깁니다. 자신만의 공부 스타일을 찾고, 주도적으로 실천해야 자기공부력을 키울 수 있어요.

나만의 학습 기록표

잘 보이는 곳에 붙여놓고 주도적으로 실천해요. 어제보다, 지난주보다, 지난달보다 나아진 실력을 보면서 뿌듯함을 느껴보세요!

권별 학습 구성

〈기적의 계산법〉은 유아 단계부터 초등 6학년까지로 구성된 연산 프로그램 교재입니다.
권별, 단계별 내용을 한눈에 확인하고,
유아부터 초등까지 〈기적의 계산법〉으로 공부하세요.

· 차례 ·

10을 가르고 모으기, 10의 덧셈과 뺄셈

▶ 학습계획 : 매일 공부할 날짜를 정하고, 계획에 맞게 공부하세요.

일차	1일차	2일차	3일차	4일차	5일차
날짜	/	/	/	/	/

▶ 학습연계 : 지금 무엇을 배우는지 확인하고, 이전에 배운 단계와 앞으로 배울 단계를 살펴보세요.

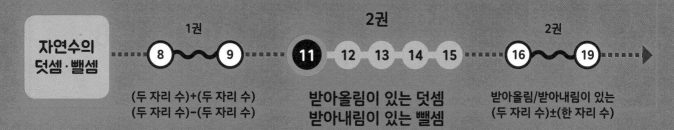

자연수의 덧셈 · 뺄셈

1권
8 — 9

(두 자리 수)+(두 자리 수)
(두 자리 수)-(두 자리 수)

2권
11 12 13 14 15

받아올림이 있는 덧셈
받아내림이 있는 뺄셈

2권
16 — 19

받아올림/받아내림이 있는
(두 자리 수)±(한 자리 수)

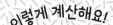

11 10을 가르고 모으기, 10의 덧셈과 뺄셈

10을 두 수로 가르고, 두 수를 모아서 10을 만들어요.

빵이 9개 있어요. 빵을 1개 더 사 오면 모두 몇 개일까요?
더 이상 한 자리 수로는 9보다 큰 수를 나타낼 수 없어요.
9보다 1만큼 더 큰 수를 10으로 나타내고, 10부터 두 자리 수가 되지요.
10은 덧셈과 뺄셈에서 가장 중요한 수예요.
10을 두 수로 가르거나 두 수를 모아서 10을 만드는 방법을 잘 익히면
받아올림이 있는 덧셈, 받아내림이 있는 뺄셈을 쉽게 할 수 있어요.

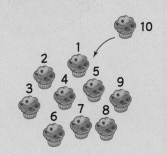

10의 덧셈과 뺄셈은 받아올림, 받아내림의 기초!

'두 수를 모아 10 만들기'를 덧셈식으로, '10을 두 수로 가르기'를 뺄셈식으로 나타내는 연습을 합니다. 10의 가르고 모으기를 덧셈식, 뺄셈식으로 나타낼 수 있어야 받아올림이 있는 덧셈, 받아내림이 있는 뺄셈의 뼈대를 완성할 수 있어요.

$$3+\boxed{}=10 \Rightarrow \boxed{}=7$$

③ ⑦
10
↑
10 - 3

$$10-\boxed{}=6 \Rightarrow \boxed{}=4$$

10
④ ⑥
↑
10 - 6

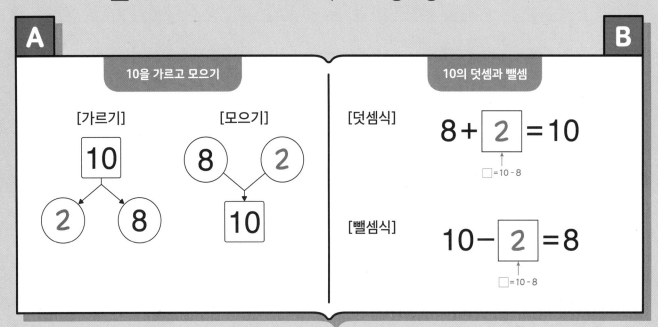

A 10을 가르고 모으기

[가르기]
10
② ⑧

[모으기]
⑧ ②
10

B 10의 덧셈과 뺄셈

[덧셈식]
$$8+\boxed{2}=10$$
$\square$ = 10 - 8

[뺄셈식]
$$10-\boxed{2}=8$$
$\square$ = 10 - 8

월   일   / 15

①
```
 10
1   ◯
```

②
```
 10
7   ◯
```

③
```
3   ◯
  10
```

④
```
2   ◯
  10
```

⑤
```
5   ◯
  10
```

⑥
```
 10
◯   8
```

⑦
```
 10
◯   2
```

⑧
```
 10
◯   4
```

⑨
```
◯   6
  10
```

⑩
```
◯   1
  10
```

⑪
```
   10
1   3   ◯
```

⑫
```
   10
4   ◯   3
```

⑬
```
5   3   ◯
   10
```

⑭
```
◯   2   2
   10
```

⑮
```
◯   6   1
   10
```

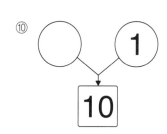
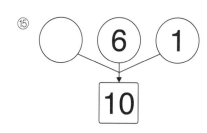

① □ +9 =10

⑩ □ +7 =10

⑲ 7+ □ =10

② 6+ □ =10

⑪ 10− □ =3

⑳ 10− □ =2

③ 10− □ =5

⑫ 8+ □ =10

㉑ 10− □ =7

④ □ +3 =10

⑬ □ +4 =10

㉒ □ +8 =10

⑤ □ +5 =10

⑭ 10− □ =0

㉓ □ +6 =10

⑥ 10− □ =1

⑮ 9+ □ =10

㉔ 1+ □ =10

⑦ □ +2 =10

⑯ 4+ □ =10

㉕ 5+ □ =10

⑧ 10− □ =6

⑰ 10− □ =4

㉖ 10− □ =9

⑨ □ +1 =10

⑱ 3+ □ =10

㉗ 2+ □ =10

①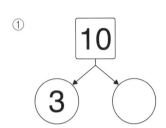

②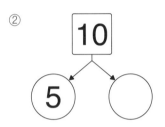

③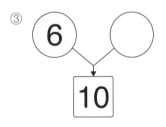

④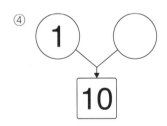

⑤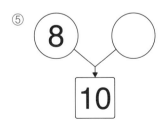

⑥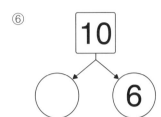

⑦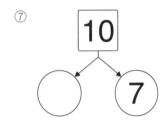

⑧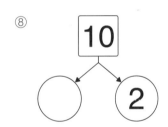

⑨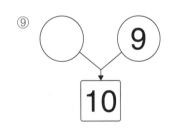

⑩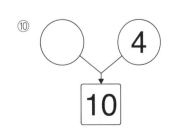

⑪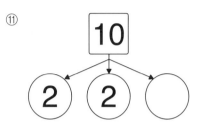

⑫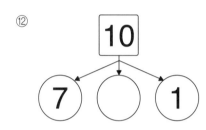

⑬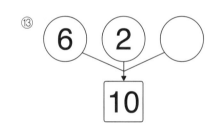

⑭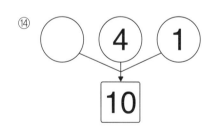

⑮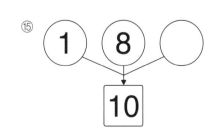

10을 가르고 모으기, 10의 덧셈과 뺄셈

① □ +5=10

② 10− □ =7

③ 2+ □ =10

④ □ +6=10

⑤ 10− □ =1

⑥ □ +4=10

⑦ 10− □ =3

⑧ 4+ □ =10

⑨ 10− □ =6

⑩ 1+ □ =10

⑪ □ +8=10

⑫ 6+ □ =10

⑬ □ +7=10

⑭ 10− □ =9

⑮ 8+ □ =10

⑯ 10− □ =5

⑰ □ +3=10

⑱ 10− □ =2

⑲ □ +2=10

⑳ 10− □ =4

㉑ 3+ □ =10

㉒ 9+ □ =10

㉓ 7+ □ =10

㉔ 10− □ =8

㉕ □ +9=10

㉖ 5+ □ =10

㉗ □ +1=10

① 10 → 7, ◯

② 10 → 8, ◯

③ 9, ◯ → 10

④ 5, ◯ → 10

⑤ 1, ◯ → 10

⑥ 10 → ◯, 4

⑦ 10 → ◯, 6

⑧ 10 → ◯, 5

⑨ ◯, 3 → 10

⑩ ◯, 2 → 10

⑪ 10 → 2, 5, ◯

⑫ 10 → 4, ◯, 4

⑬ 2, 7, ◯ → 10

⑭ ◯, 3, 1 → 10

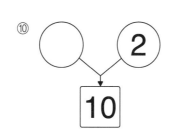

⑮ ◯, 4, 3 → 10

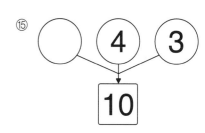

① 3 + □ = 10
  3 ⌐ 7

② □ + 8 = 10

③ 10 − □ = 9

④ 7 + □ = 10

⑤ 5 + □ = 10

⑥ □ + 2 = 10

⑦ □ + 3 = 10

⑧ □ + 5 = 10

⑨ □ + 6 = 10

⑩ 10 − □ = 5

⑪ 4 + □ = 10

⑫ 10 − □ = 1

⑬ □ + 4 = 10

⑭ □ + 1 = 10

⑮ 10 − □ = 7

⑯ 10 − □ = 6

⑰ 6 + □ = 10

⑱ 10 − □ = 4

⑲ 10 − □ = 3

⑳ 2 + □ = 10

㉑ □ + 9 = 10

㉒ □ + 7 = 10

㉓ 8 + □ = 10

㉔ 10 − □ = 8

㉕ 1 + □ = 10

㉖ 9 + □ = 10

㉗ 10 − □ = 2

①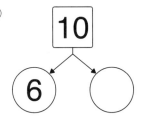

②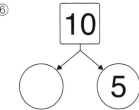

③

④

⑤

⑥

⑦

⑧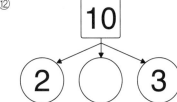

⑨

⑩

⑪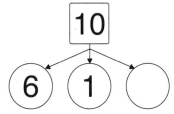

⑫

⑬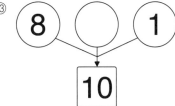

⑭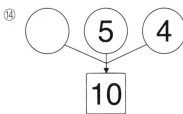

⑮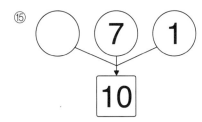

① 10 → 6, ○

② 10 → 2, ○

③ 7, ○ → 10

④ 4, ○ → 10

⑤ 9, ○ → 10

⑥ 10 → ○, 5

⑦ 10 → ○, 3

⑧ 10 → ○, 9

⑨ ○, 1 → 10

⑩ ○, 8 → 10

⑪ 10 → 6, 1, ○

⑫ 10 → 2, ○, 3

⑬ 8, ○, 1 → 10

⑭ ○, 5, 4 → 10

⑮ ○, 7, 1 → 10

① $10 - \boxed{} = 2$

8 ↗ 2

② $7 + \boxed{} = 10$

③ $1 + \boxed{} = 10$

④ $\boxed{} + 6 = 10$

⑤ $10 - \boxed{} = 3$

⑥ $10 - \boxed{} = 1$

⑦ $\boxed{} + 3 = 10$

⑧ $10 - \boxed{} = 6$

⑨ $\boxed{} + 1 = 10$

⑩ $4 + \boxed{} = 10$

⑪ $\boxed{} + 8 = 10$

⑫ $\boxed{} + 5 = 10$

⑬ $10 - \boxed{} = 8$

⑭ $\boxed{} + 2 = 10$

⑮ $\boxed{} + 4 = 10$

⑯ $\boxed{} + 9 = 10$

⑰ $\boxed{} + 7 = 10$

⑱ $2 + \boxed{} = 10$

⑲ $9 + \boxed{} = 10$

⑳ $6 + \boxed{} = 10$

㉑ $10 - \boxed{} = 5$

㉒ $3 + \boxed{} = 10$

㉓ $8 + \boxed{} = 10$

㉔ $10 - \boxed{} = 7$

㉕ $10 - \boxed{} = 4$

㉖ $10 - \boxed{} = 9$

㉗ $5 + \boxed{} = 10$

①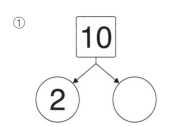

②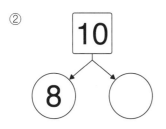

③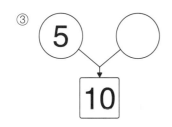

④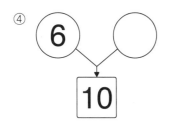

⑤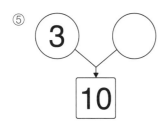

⑥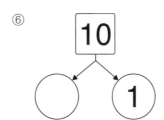

⑦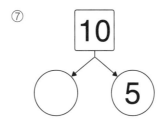

⑧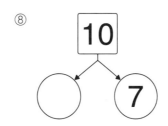

⑨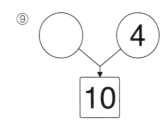

⑩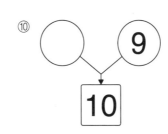

⑪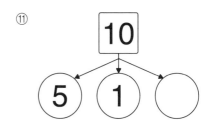

⑫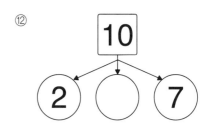

⑬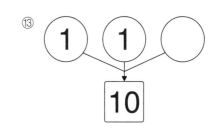

⑭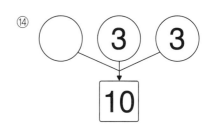

⑮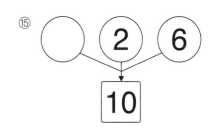

① ☐ +1=10

② ☐ +8=10

③ 10− ☐ =4

④ ☐ +5=10

⑤ 10− ☐ =9

⑥ 10− ☐ =8

⑦ 10− ☐ =1

⑧ 3+ ☐ =10

⑨ 1+ ☐ =10

⑩ 7+ ☐ =10

⑪ 6+ ☐ =10

⑫ 8+ ☐ =10

⑬ 10− ☐ =6

⑭ 10− ☐ =5

⑮ ☐ +9=10

⑯ ☐ +4=10

⑰ 2+ ☐ =10

⑱ 4+ ☐ =10

⑲ 10− ☐ =3

⑳ 10− ☐ =2

㉑ ☐ +3=10

㉒ 5+ ☐ =10

㉓ ☐ +2=10

㉔ 9+ ☐ =10

㉕ ☐ +7=10

㉖ ☐ +6=10

㉗ 10− ☐ =7

12 단계

연이은 덧셈, 뺄셈

▶ 학습계획 : 매일 공부할 날짜를 정하고, 계획에 맞게 공부하세요.

일차	1일차	2일차	3일차	4일차	5일차
날짜	/	/	/	/	/

▶ 학습연계 : 지금 무엇을 배우는지 확인하고, 이전에 배운 단계와 앞으로 배울 단계를 살펴보세요.

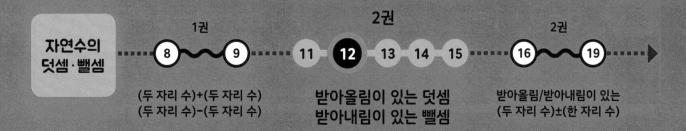

자연수의
덧셈 · 뺄셈

1권
⑧ ⑨

2권
⑪ ⑫ ⑬ ⑭ ⑮

2권
⑯ ⑲

(두 자리 수)+(두 자리 수)
(두 자리 수)-(두 자리 수)

받아올림이 있는 덧셈
받아내림이 있는 뺄셈

받아올림/받아내림이 있는
(두 자리 수)±(한 자리 수)

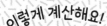

12 연이은 덧셈, 뺄셈

연이은 덧셈과 연이은 뺄셈은 순서를 바꾸어 계산할 수 있어요.

연이은 덧셈 세 수의 덧셈은 순서를 바꾸어 계산해도 결과가 항상 같아요.

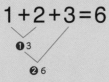

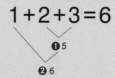

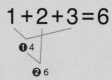

연이은 뺄셈 세 수의 뺄셈은 처음 수를 그대로 두고, 빼는 두 수의 순서만 바꾸어 뺄 수 있어요.
'14-2-1'은 14에서 2를 먼저 빼고 1을 빼거나, 14에서 1을 먼저 빼고 2를 빼도 결과가
11로 같습니다. 그렇지만 처음 수 14는 항상 처음에 계산해야 해요.
2에서 1을 먼저 빼고 이 수를 14에서 빼면 안 됩니다.

$$14-2-1=11 \qquad 14-2-1=11 \qquad 14-2-1$$
❶12 ❷11   ❶13 ❷11   ❶1 ❷13

계산 결과가 10이 되는 두 수부터 찾아서 먼저 계산하면 더 쉬워요.

연이은 덧셈, 뺄셈을 계산할 때는 세 수 중에서 10이 되는 두 수를 먼저 찾아보세요.
계산 순서를 바꾸어 두 수로 10을 만든 후 남은 수를 계산하면 더 쉽게 계산할 수 있습니다.

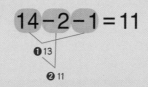

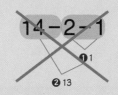

A

연이은
덧셈 → $6+9+1=16$
10
16

B

연이은
뺄셈 → $15-3-5=7$
10
7

1 Day

연이은 덧셈, 뺄셈

① $4+6+3=$
  $\underset{10}{\underbrace{\qquad}}$

② $3+7+5=$
  $\underset{10}{\underbrace{\qquad}}$

③ $5+5+8=$
  $\underset{10}{\underbrace{\qquad}}$

④ $9+1+2=$
  $\underset{10}{\underbrace{\qquad}}$

⑤ $7+8+2=$
  $\underset{10}{\underbrace{\qquad}}$

⑥ $5+9+1=$
  $\underset{10}{\underbrace{\qquad}}$

⑦ $3+4+6=$
  $\underset{10}{\underbrace{\qquad}}$

⑧ $6+5+5=$
  $\underset{10}{\underbrace{\qquad}}$

⑨ $7+5+3=$
  $\underset{10}{\underbrace{\qquad}}$

⑩ $2+9+8=$
  $\underset{10}{\underbrace{\qquad}}$

⑪ $6+7+3=$

⑫ $1+9+8=$

⑬ $2+8+4=$

⑭ $5+3+5=$

⑮ $1+6+4=$

⑯ $6+2+4=$

⑰ $5+2+8=$

⑱ $6+1+9=$

⑲ $4+3+7=$

⑳ $7+5+5=$

㉑ $6+4+8=$

㉒ $8+2+5=$

㉓ $1+4+9=$

㉔ $4+8+6=$

㉕ $3+5+7=$

㉖ $8+7+2=$

㉗ $9+3+1=$

㉘ $7+3+6=$

㉙ $4+6+1=$

㉚ $1+6+9=$

① 13 - 3 - 7 =
₁₀

② 16 - 6 - 3 =
₁₀

③ 12 - 2 - 5 =
₁₀

④ 18 - 8 - 4 =
₁₀

⑤ 14 - 4 - 2 =
₁₀

⑥ 11 - 6 - 1 =
₁₀

⑦ 12 - 5 - 2 =
₁₀

⑧ 15 - 8 - 5 =
₁₀

⑨ 13 - 2 - 3 =
₁₀

⑩ 18 - 3 - 8 =
₁₀

⑪ 15 - 5 - 2 =

⑫ 11 - 1 - 4 =

⑬ 13 - 3 - 1 =

⑭ 14 - 4 - 8 =

⑮ 17 - 5 - 7 =

⑯ 19 - 1 - 9 =

⑰ 18 - 9 - 8 =

⑱ 19 - 9 - 3 =

⑲ 18 - 5 - 8 =

⑳ 13 - 4 - 3 =

㉑ 16 - 6 - 7 =

㉒ 14 - 8 - 4 =

㉓ 12 - 2 - 1 =

㉔ 18 - 1 - 8 =

㉕ 15 - 5 - 4 =

㉖ 17 - 4 - 7 =

㉗ 16 - 1 - 6 =

㉘ 17 - 7 - 2 =

㉙ 11 - 0 - 1 =

㉚ 19 - 9 - 2 =

2
Day

연이은 덧셈, 뺄셈

A

월   일   / 30

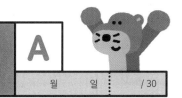

① 1+9+6 =
⎵
10

② 4+6+5 =
⎵
10

③ 7+3+4 =
⎵
10

④ 2+8+5 =
⎵
10

⑤ 4+9+1 =
⎵
10

⑥ 6+3+7 =
⎵
10

⑦ 1+4+6 =
⎵
10

⑧ 8+6+4 =
⎵
10

⑨ 2+7+8 =
⎵
10

⑩ 9+6+1 =
⎵
10

⑪ 1+3+9 =

⑫ 8+7+2 =

⑬ 6+4+1 =

⑭ 7+2+3 =

⑮ 3+1+9 =

⑯ 2+5+5 =

⑰ 8+2+4 =

⑱ 7+3+2 =

⑲ 4+3+7 =

⑳ 6+8+2 =

㉑ 8+2+6 =

㉒ 9+7+3 =

㉓ 5+4+5 =

㉔ 5+2+8 =

㉕ 3+1+7 =

㉖ 1+5+9 =

㉗ 4+8+6 =

㉘ 6+3+4 =

㉙ 5+5+9 =

㉚ 9+1+4 =

① 15-5-3=
⟍⟋
10

② 11-1-6=
⟍⟋
10

③ 19-9-2=
⟍⟋
10

④ 14-4-8=
⟍⟋
10

⑤ 13-3-2=
⟍⟋
10

⑥ 14-6-4=
⟍⟋
10

⑦ 13-5-3=
⟍⟋
10

⑧ 11-8-1=
⟍⟋
10

⑨ 16-2-6=
⟍⟋
10

⑩ 17-3-7=
⟍⟋
10

⑪ 17-7-5=

⑫ 12-2-1=

⑬ 18-8-7=

⑭ 12-3-2=

⑮ 19-5-9=

⑯ 15-1-5=

⑰ 16-6-9=

⑱ 13-3-4=

⑲ 12-1-2=

⑳ 11-4-1=

㉑ 16-6-1=

㉒ 18-4-8=

㉓ 19-9-4=

㉔ 16-8-6=

㉕ 12-2-6=

㉖ 14-1-4=

㉗ 17-7-2=

㉘ 11-1-1=

㉙ 19-4-9=

㉚ 15-5-2=

① 8+2+4=
    10

② 1+9+7=
    10

③ 4+6+2=
    10

④ 3+7+5=
    10

⑤ 4+4+6=
      10

⑥ 6+8+2=
      10

⑦ 9+5+5=
      10

⑧ 2+3+7=
      10

⑨ 5+3+5=
      10

⑩ 3+5+7=
      10

⑪ 9+1+3=

⑫ 5+6+4=

⑬ 9+6+1=

⑭ 2+8+6=

⑮ 5+5+1=

⑯ 2+9+1=

⑰ 4+2+8=

⑱ 1+7+9=

⑲ 7+3+3=

⑳ 3+4+6=

㉑ 8+2+9=

㉒ 6+4+8=

㉓ 7+1+9=

㉔ 2+3+8=

㉕ 6+9+4=

㉖ 7+3+4=

㉗ 7+7+3=

㉘ 8+8+2=

㉙ 5+2+5=

㉚ 1+3+9=

① 18-8-2=
10

② 12-2-7=
10

③ 15-5-5=
10

④ 16-6-4=
10

⑤ 19-9-2=
10

⑥ 18-6-8=
10

⑦ 13-2-3=
10

⑧ 16-8-6=
10

⑨ 14-2-4=
10

⑩ 15-3-5=
10

⑪ 17-7-4=

⑫ 16-6-3=

⑬ 19-9-6=

⑭ 17-7-8=

⑮ 19-2-9=

⑯ 17-1-7=

⑰ 19-1-9=

⑱ 12-4-2=

⑲ 13-3-7=

⑳ 18-9-8=

㉑ 11-0-1=

㉒ 15-5-8=

㉓ 18-8-3=

㉔ 14-5-4=

㉕ 13-1-3=

㉖ 16-6-1=

㉗ 18-4-8=

㉘ 11-1-9=

㉙ 12-0-2=

㉚ 14-4-3=

① 3+7+6 =
　　10

② 9+1+5 =
　　10

③ 4+6+6 =
　　10

④ 8+2+7 =
　　10

⑤ 4+5+5 =
　　　10

⑥ 2+7+3 =
　　　10

⑦ 3+1+9 =
　　　10

⑧ 6+2+8 =
　　10

⑨ 8+5+2 =
　　　10

⑩ 4+9+6 =
　　　10

⑪ 5+5+6 =

⑫ 7+3+4 =

⑬ 5+6+4 =

⑭ 1+2+9 =

⑮ 2+8+1 =

⑯ 1+3+7 =

⑰ 5+9+1 =

⑱ 7+1+3 =

⑲ 4+3+7 =

⑳ 9+6+1 =

㉑ 9+1+3 =

㉒ 6+4+8 =

㉓ 9+8+2 =

㉔ 5+8+5 =

㉕ 2+4+8 =

㉖ 1+9+4 =

㉗ 7+4+6 =

㉘ 6+7+4 =

㉙ 3+9+7 =

㉚ 8+3+2 =

연이은 덧셈, 뺄셈

① $17 - 7 - 1 =$
  10

② $12 - 2 - 6 =$
  10

③ $11 - 1 - 9 =$
  10

④ $18 - 8 - 3 =$
  10

⑤ $13 - 3 - 1 =$
  10

⑥ $18 - 6 - 8 =$
  10

⑦ $15 - 4 - 5 =$
  10

⑧ $11 - 8 - 1 =$
  10

⑨ $17 - 6 - 7 =$
  10

⑩ $12 - 3 - 2 =$
  10

⑪ $16 - 6 - 7 =$

⑫ $13 - 3 - 6 =$

⑬ $19 - 7 - 9 =$

⑭ $12 - 1 - 2 =$

⑮ $19 - 5 - 9 =$

⑯ $13 - 1 - 3 =$

⑰ $15 - 5 - 5 =$

⑱ $17 - 8 - 7 =$

⑲ $18 - 3 - 8 =$

⑳ $14 - 4 - 1 =$

㉑ $19 - 9 - 2 =$

㉒ $12 - 4 - 2 =$

㉓ $17 - 7 - 3 =$

㉔ $14 - 9 - 4 =$

㉕ $16 - 6 - 3 =$

㉖ $15 - 1 - 5 =$

㉗ $14 - 4 - 8 =$

㉘ $18 - 2 - 8 =$

㉙ $16 - 7 - 6 =$

㉚ $19 - 8 - 9 =$

① $5+5+2=$
  10

② $3+7+4=$
  10

③ $8+2+1=$
  10

④ $9+1+7=$
  10

⑤ $6+3+7=$
      10

⑥ $3+5+5=$
      10

⑦ $1+8+2=$
      10

⑧ $7+4+6=$
      10

⑨ $1+5+9=$
      10

⑩ $8+6+2=$
      10

⑪ $4+6+8=$

⑫ $2+8+5=$

⑬ $5+1+5=$

⑭ $2+7+8=$

⑮ $1+2+9=$

⑯ $4+7+3=$

⑰ $5+6+4=$

⑱ $1+9+8=$

⑲ $3+2+8=$

⑳ $9+4+6=$

㉑ $7+3+5=$

㉒ $6+4+3=$

㉓ $3+4+7=$

㉔ $6+3+4=$

㉕ $8+1+9=$

㉖ $8+5+2=$

㉗ $7+8+3=$

㉘ $4+9+6=$

㉙ $2+9+1=$

㉚ $9+3+1=$

① 16 − 6 − 4 =

② 19 − 9 − 2 =

③ 11 − 1 − 7 =

④ 13 − 3 − 5 =

⑤ 15 − 5 − 8 =

⑥ 17 − 1 − 7 =

⑦ 16 − 5 − 6 =

⑧ 18 − 3 − 8 =

⑨ 19 − 8 − 9 =

⑩ 13 − 4 − 3 =

⑪ 17 − 7 − 6 =

⑫ 15 − 5 − 3 =

⑬ 11 − 1 − 0 =

⑭ 18 − 6 − 8 =

⑮ 12 − 2 − 8 =

⑯ 11 − 5 − 1 =

⑰ 15 − 9 − 5 =

⑱ 18 − 8 − 9 =

⑲ 12 − 1 − 2 =

⑳ 19 − 6 − 9 =

㉑ 14 − 4 − 6 =

㉒ 13 − 3 − 4 =

㉓ 16 − 3 − 6 =

㉔ 19 − 2 − 9 =

㉕ 14 − 4 − 2 =

㉖ 17 − 7 − 9 =

㉗ 12 − 8 − 2 =

㉘ 14 − 7 − 4 =

㉙ 13 − 3 − 1 =

㉚ 17 − 2 − 7 =

13 단계

받아올림이 있는
(몇)+(몇)

▶ **학습계획 :** 매일 공부할 날짜를 정하고, 계획에 맞게 공부하세요.

일차	1일차	2일차	3일차	4일차	5일차
날짜	/	/	/	/	/

▶ **학습연계 :** 지금 무엇을 배우는지 확인하고, 이전에 배운 단계와 앞으로 배울 단계를 살펴보세요.

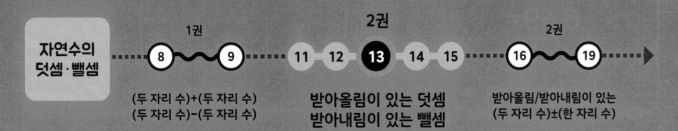

자연수의
덧셈·뺄셈

1권
8 — 9
(두 자리 수)+(두 자리 수)
(두 자리 수)-(두 자리 수)

2권
11 12 **13** 14 15
받아올림이 있는 덧셈
받아내림이 있는 뺄셈

2권
16 — 19
받아올림/받아내림이 있는
(두 자리 수)±(한 자리 수)

이렇게 계산해요!

13 받아올림이 있는 (몇)+(몇)

받아올림은 더했을 때 넘치는 10을 바로 윗자리로 올리는 거예요.

덧셈은 같은 자리끼리 계산해요. 이때 같은 자리 수끼리의 합이 10보다 작으면 두 수의 합을 같은 자리에 씁니다. 그러나 같은 자리 수끼리의 합이 10이거나 10보다 크면 10은 바로 윗자리에 1로 올려 써야 해요. 이를 받아올림이라고 부릅니다.

받아올림 같은 자리 수끼리의 합이 10이거나 10보다 크면 바로 윗자리로 10을 올려서 계산해요.

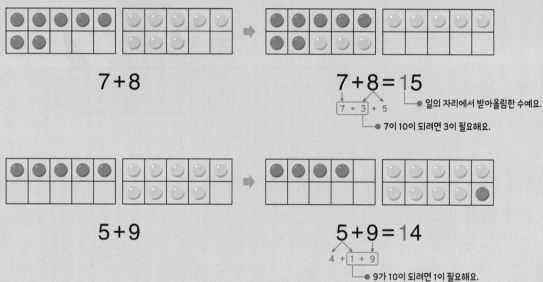

$7+8$

$7+8=15$

$7+3+5$

● 일의 자리에서 받아올림한 수예요.

● 7이 10이 되려면 3이 필요해요.

$5+9$

$5+9=14$

$4 + 1 + 9$

● 9가 10이 되려면 1이 필요해요.

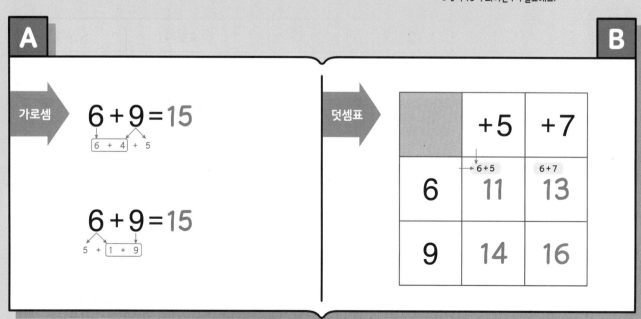

A

가로셈 $6+9=15$

$6 + 4 + 5$

$6+9=15$

$5 + 1 + 9$

B

덧셈표

	+5	+7
6	6+5 11	6+7 13
9	14	16

① 3 + 7 =

② 3 + 8 =
   3 + 7 + 1

③ 3 + 9 =
   3 + 7 + 2

④ 4 + 6 =

⑤ 4 + 7 =

⑥ 4 + 8 =

⑦ 7 + 6 =

⑧ 5 + 5 =

⑨ 8 + 3 =

⑩ 5 + 7 =

⑪ 5 + 8 =

⑫ 9 + 5 =

⑬ 2 + 9 =

⑭ 7 + 5 =

⑮ 6 + 6 =

⑯ 8 + 7 =

⑰ 6 + 8 =

⑱ 9 + 6 =

⑲ 8 + 8 =

⑳ 7 + 4 =

㉑ 7 + 9 =

㉒ 6 + 7 =

㉓ 7 + 7 =

㉔ 9 + 8 =

㉕ 4 + 9 =

㉖ 5 + 6 =

㉗ 6 + 5 =

㉘ 8 + 4 =

㉙ 5 + 9 =

㉚ 8 + 6 =

아래의 수에 위의 수를 더하세요!	+5	+7	+9	+6	+8
6	6 + 5				
9					
8					
5					
7					

받아올림이 있는 (몇)+(몇)

① $2 + 9 =$

② $3 + 8 =$

③ $3 + 9 =$

④ $4 + 7 =$

⑤ $6 + 9 =$

⑥ $8 + 4 =$

⑦ $9 + 2 =$

⑧ $7 + 6 =$

⑨ $5 + 8 =$

⑩ $6 + 6 =$

⑪ $9 + 5 =$

⑫ $9 + 7 =$

⑬ $7 + 8 =$

⑭ $4 + 9 =$

⑮ $5 + 7 =$

⑯ $8 + 6 =$

⑰ $6 + 5 =$

⑱ $8 + 9 =$

⑲ $9 + 9 =$

⑳ $8 + 5 =$

㉑ $7 + 5 =$

㉒ $9 + 4 =$

㉓ $6 + 7 =$

㉔ $4 + 8 =$

㉕ $8 + 7 =$

㉖ $5 + 9 =$

㉗ $8 + 8 =$

㉘ $7 + 9 =$

㉙ $6 + 8 =$

㉚ $7 + 7 =$

아래의 수에 위의 수를 더하세요!	+8	+6	+7	+9	+5
8	8 + 8				
5					
9					
7					
6					

① $9 + 9 =$

$9 + 1$ +   8

② $5 + 8 =$

③ $7 + 6 =$

④ $4 + 8 =$

⑤ $6 + 5 =$

⑥ $7 + 7 =$

⑦ $9 + 4 =$

⑧ $4 + 9 =$

⑨ $8 + 9 =$

⑩ $5 + 9 =$

⑪ $6 + 8 =$

⑫ $8 + 4 =$

⑬ $8 + 3 =$

⑭ $6 + 7 =$

⑮ $7 + 9 =$

⑯ $9 + 5 =$

⑰ $8 + 8 =$

⑱ $9 + 6 =$

⑲ $7 + 5 =$

⑳ $4 + 7 =$

㉑ $9 + 3 =$

㉒ $8 + 5 =$

㉓ $3 + 9 =$

㉔ $9 + 8 =$

㉕ $5 + 7 =$

㉖ $8 + 6 =$

㉗ $6 + 6 =$

㉘ $5 + 6 =$

㉙ $9 + 2 =$

㉚ $8 + 7 =$

받아올림이 있는 (몇)+(몇)

아래의 수에 위의 수를 더하세요!	+7	+8	+5	+6	+9
9	9 + 7				
7					
6					
5					
8					

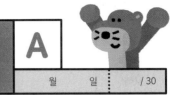
① $5 + 9 =$

$4 + \boxed{1 + 9}$

② $8 + 8 =$

③ $7 + 4 =$

④ $8 + 7 =$

⑤ $9 + 4 =$

⑥ $8 + 9 =$

⑦ $6 + 6 =$

⑧ $9 + 6 =$

⑨ $4 + 7 =$

⑩ $7 + 9 =$

⑪ $7 + 8 =$

⑫ $9 + 9 =$

⑬ $8 + 5 =$

⑭ $7 + 6 =$

⑮ $5 + 6 =$

⑯ $6 + 9 =$

⑰ $3 + 9 =$

⑱ $9 + 5 =$

⑲ $6 + 5 =$

⑳ $8 + 3 =$

㉑ $7 + 7 =$

㉒ $4 + 9 =$

㉓ $3 + 8 =$

㉔ $8 + 6 =$

㉕ $9 + 3 =$

㉖ $6 + 8 =$

㉗ $8 + 4 =$

㉘ $2 + 9 =$

㉙ $9 + 7 =$

㉚ $6 + 7 =$

아래의 수에 위의 수를 더하세요!	+9	+5	+8	+6	+7
5	5+9				
6					
9					
7					
8					

① $4 + 7 =$

$1 + \boxed{3 + 7}$

② $4 + 9 =$

③ $6 + 8 =$

④ $9 + 2 =$

⑤ $7 + 4 =$

⑥ $4 + 8 =$

⑦ $6 + 9 =$

⑧ $8 + 7 =$

⑨ $7 + 7 =$

⑩ $5 + 7 =$

⑪ $8 + 8 =$

⑫ $8 + 3 =$

⑬ $9 + 5 =$

⑭ $9 + 3 =$

⑮ $6 + 6 =$

⑯ $5 + 6 =$

⑰ $7 + 8 =$

⑱ $3 + 9 =$

⑲ $5 + 8 =$

⑳ $8 + 6 =$

㉑ $5 + 9 =$

㉒ $6 + 5 =$

㉓ $9 + 7 =$

㉔ $8 + 9 =$

㉕ $9 + 9 =$

㉖ $8 + 4 =$

㉗ $9 + 4 =$

㉘ $7 + 6 =$

㉙ $3 + 8 =$

㉚ $7 + 5 =$

5 Day

받아올림이 있는 (몇)+(몇)

아래의 수에 위의 수를 더하세요!	+6	+9	+7	+5	+8
7	7 + 6				
8					
9					
6					
5					

14 단계

받아내림이 있는
(십몇)−(몇)

▶ 학습계획 : 매일 공부할 날짜를 정하고, 계획에 맞게 공부하세요.

일차	1일차	2일차	3일차	4일차	5일차
날짜	/	/	/	/	/

▶ 학습연계 : 지금 무엇을 배우는지 확인하고, 이전에 배운 단계와 앞으로 배울 단계를 살펴보세요.

자연수의
덧셈·뺄셈

1권
8 — 9

2권
11 12 13 14 15

2권
16 — 19

(두 자리 수)+(두 자리 수)
(두 자리 수)−(두 자리 수)

받아올림이 있는 덧셈
받아내림이 있는 뺄셈

받아올림/받아내림이 있는
(두 자리 수)±(한 자리 수)

받아내림은 수가 모자랄 때 윗자리에서 10을 빌려 오는 거예요.

뺄셈도 일의 자리부터 같은 자리끼리 계산해요. 그런데 '12-7'에서 '2-7'처럼 일의 자리 수끼리 뺄 수 없을 때가 있어요. 이런 경우에는 십의 자리의 1을 일의 자리에 10으로 빌려 주어 뺄셈을 합니다. 이를 받아내림이라고 불러요.

받아내림 같은 자리 수끼리 뺄 수 없을 때 바로 윗자리에서 10을 빌려와서 계산해요.

12−7

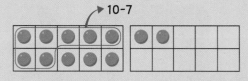

$12-7=5$

2 + [10 − 7] ━● 12의 10에서 7을 먼저 빼요.

2 + 3 = 5

14−6

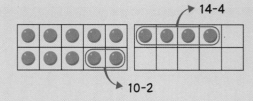

$14-6=8$

[14 − 4] − 2 ━● 빼는 수 6에서 4를 먼저 빼고 남은 2를 빼요.

10 − 2 = 8

A

가로셈

$13-9=4$

3 + [10 − 9]

$13-9=4$

[13 − 3] − 6

B

뺄셈표

	−9	−8
14	14-9 5	14-8 6
11	2	3

① 13 - 3 =

② 13 - 4 =
3 + 10 - 4

③ 13 - 5 =
3 + 10 - 5

④ 11 - 1 =

⑤ 11 - 2 =

⑥ 11 - 3 =

⑦ 16 - 7 =

⑧ 12 - 8 =

⑨ 15 - 7 =

⑩ 11 - 5 =

⑪ 18 - 9 =

⑫ 11 - 9 =

⑬ 13 - 8 =

⑭ 17 - 9 =

⑮ 13 - 6 =

⑯ 11 - 4 =

⑰ 12 - 4 =

⑱ 13 - 7 =

⑲ 11 - 8 =

⑳ 14 - 6 =

㉑ 12 - 9 =

㉒ 16 - 8 =

㉓ 14 - 9 =

㉔ 12 - 3 =

㉕ 16 - 9 =

㉖ 14 - 8 =

㉗ 12 - 7 =

㉘ 15 - 6 =

㉙ 11 - 6 =

㉚ 14 - 5 =

1 Day

받아내림이 있는 (십몇)−(몇)

아래의 수에서 위의 수를 빼세요!	−9	−6	−8	−7	−5
14	14 - 9				
11					
12					
13					
15					

받아내림이 있는 (십몇)-(몇)

① 12 - 6 =
    [12 - 2] - 4

② 11 - 3 =
    [11 - 1] - 2

③ 16 - 7 =

④ 14 - 6 =

⑤ 11 - 6 =

⑥ 12 - 3 =

⑦ 14 - 9 =

⑧ 12 - 8 =

⑨ 16 - 9 =

⑩ 13 - 4 =

⑪ 15 - 9 =

⑫ 12 - 9 =

⑬ 15 - 7 =

⑭ 14 - 5 =

⑮ 12 - 4 =

⑯ 13 - 6 =

⑰ 14 - 8 =

⑱ 13 - 8 =

⑲ 11 - 2 =

⑳ 17 - 9 =

㉑ 13 - 5 =

㉒ 11 - 8 =

㉓ 11 - 4 =

㉔ 15 - 8 =

㉕ 11 - 5 =

㉖ 17 - 8 =

㉗ 13 - 9 =

㉘ 16 - 8 =

㉙ 13 - 7 =

㉚ 15 - 6 =

받아내림이 있는 (십몇)-(몇)

아래의 수에서 위의 수를 빼세요!	-6	-8	-5	-9	-7
12	12-6				
15					
13					
11					
14					

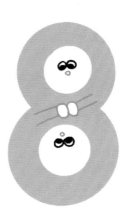

3 Day

받아내림이 있는 (십몇)−(몇)

A

① 15 − 8 =
5 + 10 − 8

② 12 − 8 =
12 − 2 − 6

③ 12 − 6 =

④ 13 − 9 =

⑤ 12 − 7 =

⑥ 14 − 9 =

⑦ 16 − 7 =

⑧ 15 − 6 =

⑨ 13 − 5 =

⑩ 11 − 6 =

⑪ 14 − 5 =

⑫ 11 − 9 =

⑬ 11 − 5 =

⑭ 17 − 8 =

⑮ 13 − 6 =

⑯ 11 − 2 =

⑰ 13 − 8 =

⑱ 14 − 7 =

⑲ 11 − 8 =

⑳ 15 − 7 =

㉑ 12 − 3 =

㉒ 15 − 9 =

㉓ 12 − 4 =

㉔ 14 − 6 =

㉕ 16 − 8 =

㉖ 12 − 9 =

㉗ 11 − 7 =

㉘ 13 − 4 =

㉙ 12 − 5 =

㉚ 13 − 7 =

받아내림이 있는 (십몇)−(몇)

아래의 수에서 위의 수를 빼세요!	−7	−8	−5	−6	−9
14	14 − 7				
12					
15					
13					
11					

① $14 - 9 =$

    4 + [10 - 9]

② $17 - 9 =$

③ $14 - 5 =$

④ $15 - 7 =$

⑤ $13 - 8 =$

⑥ $11 - 9 =$

⑦ $12 - 7 =$

⑧ $11 - 3 =$

⑨ $17 - 8 =$

⑩ $12 - 9 =$

⑪ $16 - 9 =$

⑫ $14 - 6 =$

⑬ $11 - 6 =$

⑭ $16 - 8 =$

⑮ $12 - 8 =$

⑯ $13 - 7 =$

⑰ $12 - 5 =$

⑱ $18 - 9 =$

⑲ $13 - 6 =$

⑳ $12 - 3 =$

㉑ $15 - 8 =$

㉒ $11 - 5 =$

㉓ $13 - 9 =$

㉔ $11 - 2 =$

㉕ $15 - 6 =$

㉖ $13 - 4 =$

㉗ $14 - 8 =$

㉘ $15 - 9 =$

㉙ $13 - 5 =$

㉚ $11 - 8 =$

아래의 수에서 위의 수를 빼세요!	−6	−7	−9	−5	−8
15	15 – 6				
14					
11					
13					
12					

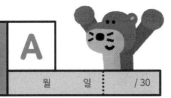
① 13 − 5 =
13 − 3 − 2

② 12 − 5 =

③ 12 − 9 =

④ 14 − 8 =

⑤ 18 − 9 =

⑥ 11 − 4 =

⑦ 12 − 7 =

⑧ 13 − 6 =

⑨ 15 − 7 =

⑩ 11 − 3 =

⑪ 11 − 8 =

⑫ 13 − 4 =

⑬ 14 − 7 =

⑭ 11 − 7 =

⑮ 13 − 8 =

⑯ 16 − 9 =

⑰ 14 − 6 =

⑱ 12 − 3 =

⑲ 13 − 9 =

⑳ 11 − 2 =

㉑ 12 − 6 =

㉒ 15 − 8 =

㉓ 17 − 9 =

㉔ 14 − 5 =

㉕ 15 − 6 =

㉖ 17 − 8 =

㉗ 11 − 5 =

㉘ 14 − 9 =

㉙ 16 − 7 =

㉚ 15 − 9 =

아래의 수에서 위의 수를 빼세요!	−8	−5	−9	−7	−6
13	13−8				
11					
15					
12					
14					

15 단계

받아올림/받아내림이 있는 덧셈과 뺄셈 종합

▶ 학습계획 : 매일 공부할 날짜를 정하고, 계획에 맞게 공부하세요.

일차	1일차	2일차	3일차	4일차	5일차
날짜	/	/	/	/	/

▶ 학습연계 : 지금 무엇을 배우는지 확인하고, 이전에 배운 단계와 앞으로 배울 단계를 살펴보세요.

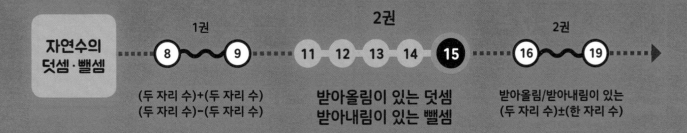

자연수의
덧셈·뺄셈

1권
8 — 9

2권
11 12 13 14 **15**

2권
16 — 19

(두 자리 수)+(두 자리 수)
(두 자리 수)−(두 자리 수)

받아올림이 있는 덧셈
받아내림이 있는 뺄셈

받아올림/받아내림이 있는
(두 자리 수)±(한 자리 수)

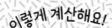

15 받아올림/받아내림이 있는 덧셈과 뺄셈 종합

받아올림이 있는 덧셈은 두 수 중 한 수를 10으로 만든 후 남은 수를 더해요.

10이 되도록 두 수 중 하나를 가르기 하여 10으로 만들고, 남은 수를 더해요.

$7+6=13$
$7+3$ $+3$

$7+6=13$
$3+4+6$

		7
+		6
	1	3

받아내림이 있는 뺄셈은 두 수 중 하나를 가르기 해서 먼저 10을 만들어요.

뒤의 빼는 수를 가르기 하여 처음 수를 먼저 10으로 만들고 남은 수를 빼거나
앞의 십몇을 10과 몇으로 가르기 하여 빼는 수를 10에서 먼저 빼고 남은 몇을 더해요.

$12-4=8$
$12-2$ -2

$12-4=8$
$2+10-4$

	1	2
−		4
		8

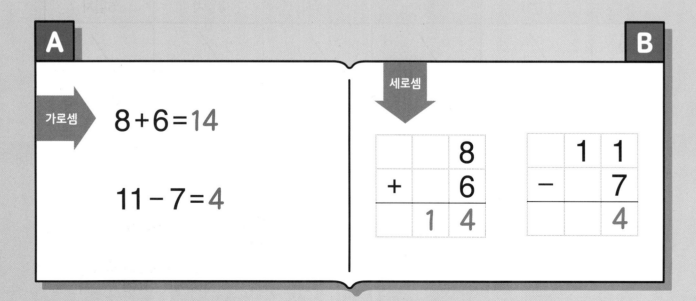

A

가로셈

$8+6=14$

$11-7=4$

B

세로셈

		8
+		6
	1	4

	1	1
−		7
		4

① 8+9=

② 16-9=

③ 4+7=

④ 15-7=

⑤ 8+5=

⑥ 13-8=

⑦ 9+9=

⑧ 14-6=

⑨ 7+5=

⑩ 11-4=

⑪ 5+8=

⑫ 18-9=

⑬ 7+7=

⑭ 12-9=

⑮ 3+9=

⑯ 13-7=

⑰ 9+2=

⑱ 11-6=

⑲ 3+8=

⑳ 15-9=

㉑ 6+8=

㉒ 11-8=

㉓ 7+6=

㉔ 15-6=

㉕ 8+8=

㉖ 12-7=

㉗ 9+5=

㉘ 14-8=

㉙ 4+8=

㉚ 11-5=

①
```
    9
+   3
─────
```

⑦
```
    8
+   6
─────
```

⑬
```
    9
+   8
─────
```

⑲
```
    8
+   3
─────
```

②
```
  1 3
-   7
─────
```

⑧
```
  1 1
-   3
─────
```

⑭
```
  1 2
-   6
─────
```

⑳
```
  1 3
-   3
─────
```

③
```
    8
+   7
─────
```

⑨
```
    6
+   7
─────
```

⑮
```
    7
+   9
─────
```

㉑
```
    5
+   7
─────
```

④
```
  1 7
-   9
─────
```

⑩
```
  1 4
-   5
─────
```

⑯
```
  1 1
-   9
─────
```

㉒
```
  1 1
-   7
─────
```

⑤
```
    9
+   6
─────
```

⑪
```
    4
+   9
─────
```

⑰
```
    2
+   9
─────
```

㉓
```
    7
+   8
─────
```

⑥
```
  1 2
-   4
─────
```

⑫
```
  1 5
-   8
─────
```

⑱
```
  1 4
-   7
─────
```

㉔
```
  1 3
-   4
─────
```

① 7+6 =

② 15−7 =

③ 6+6 =

④ 18−9 =

⑤ 5+8 =

⑥ 13−7 =

⑦ 9+7 =

⑧ 14−6 =

⑨ 7+4 =

⑩ 11−2 =

⑪ 6+9 =

⑫ 15−9 =

⑬ 5+9 =

⑭ 12−7 =

⑮ 8+4 =

⑯ 12−3 =

⑰ 4+7 =

⑱ 13−9 =

⑲ 3+8 =

⑳ 11−8 =

㉑ 7+5 =

㉒ 13−4 =

㉓ 9+5 =

㉔ 12−6 =

㉕ 7+9 =

㉖ 15−6 =

㉗ 5+6 =

㉘ 14−5 =

㉙ 8+6 =

㉚ 16−9 =

①
```
      5
 +    9
```

②
```
   1  3
 -    5
```

③
```
      7
 +    8
```

④
```
   1  1
 -    4
```

⑤
```
      2
 +    9
```

⑥
```
   1  2
 -    8
```

⑦
```
      7
 +    7
```

⑧
```
   1  1
 -    6
```

⑨
```
      8
 +    7
```

⑩
```
   1  7
 -    9
```

⑪
```
      8
 +    9
```

⑫
```
   1  2
 -    4
```

⑬
```
      7
 +    4
```

⑭
```
   1  2
 -    9
```

⑮
```
      9
 +    6
```

⑯
```
   1  3
 -    6
```

⑰
```
      4
 +    8
```

⑱
```
   1  1
 -    5
```

⑲
```
      8
 +    8
```

⑳
```
   1  3
 -    8
```

㉑
```
      9
 +    3
```

㉒
```
   1  1
 -    9
```

㉓
```
      6
 +    9
```

㉔
```
   1  6
 -    8
```

① 8+5 =

② 13−7 =

③ 9+9 =

④ 12−5 =

⑤ 9+7 =

⑥ 15−7 =

⑦ 9+2 =

⑧ 14−5 =

⑨ 7+6 =

⑩ 16−8 =

⑪ 3+9 =

⑫ 11−3 =

⑬ 5+7 =

⑭ 12−9 =

⑮ 7+5 =

⑯ 12−4 =

⑰ 5+8 =

⑱ 13−8 =

⑲ 6+6 =

⑳ 17−9 =

㉑ 4+8 =

㉒ 11−8 =

㉓ 8+9 =

㉔ 14−9 =

㉕ 6+8 =

㉖ 11−6 =

㉗ 5+9 =

㉘ 13−4 =

㉙ 4+7 =

㉚ 15−6 =

①
```
    5
+   6
─────
```

②
```
  1 1
-   2
─────
```

③
```
    7
+   4
─────
```

④
```
  1 8
-   9
─────
```

⑤
```
    9
+   5
─────
```

⑥
```
  1 4
-   6
─────
```

⑦
```
    8
+   3
─────
```

⑧
```
  1 4
-   8
─────
```

⑨
```
    9
+   9
─────
```

⑩
```
  1 5
-   8
─────
```

⑪
```
    6
+   8
─────
```

⑫
```
  1 2
-   8
─────
```

⑬
```
    7
+   9
─────
```

⑭
```
  1 3
-   5
─────
```

⑮
```
    4
+   8
─────
```

⑯
```
  1 6
-   7
─────
```

⑰
```
    9
+   4
─────
```

⑱
```
  1 6
-   9
─────
```

⑲
```
    8
+   5
─────
```

⑳
```
  1 4
-   7
─────
```

㉑
```
    7
+   5
─────
```

㉒
```
  1 2
-   6
─────
```

㉓
```
    2
+   9
─────
```

㉔
```
  1 3
-   9
─────
```

받아올림/받아내림이 있는 덧셈과 뺄셈 종합

A

월   일   / 30

① 9+8 =

② 12-4 =

③ 7+6 =

④ 15-8 =

⑤ 8+8 =

⑥ 12-9 =

⑦ 4+9 =

⑧ 15-9 =

⑨ 8+7 =

⑩ 11-7 =

⑪ 5+9 =

⑫ 12-8 =

⑬ 9+7 =

⑭ 14-6 =

⑮ 6+7 =

⑯ 13-7 =

⑰ 7+8 =

⑱ 11-2 =

⑲ 6+6 =

⑳ 13-8 =

㉑ 9+3 =

㉒ 12-5 =

㉓ 8+9 =

㉔ 11-4 =

㉕ 6+9 =

㉖ 16-8 =

㉗ 5+7 =

㉘ 13-6 =

㉙ 5+8 =

㉚ 15-7 =

①
```
    8
+   7
───────
```

②
```
  1 1
−   3
───────
```

③
```
    4
+   9
───────
```

④
```
  1 3
−   5
───────
```

⑤
```
    8
+   8
───────
```

⑥
```
  1 8
−   9
───────
```

⑦
```
    9
+   5
───────
```

⑧
```
  1 6
−   9
───────
```

⑨
```
    2
+   9
───────
```

⑩
```
  1 7
−   8
───────
```

⑪
```
    5
+   7
───────
```

⑫
```
  1 4
−   8
───────
```

⑬
```
    8
+   4
───────
```

⑭
```
  1 2
−   7
───────
```

⑮
```
    7
+   6
───────
```

⑯
```
  1 3
−   9
───────
```

⑰
```
    6
+   6
───────
```

⑱
```
  1 5
−   6
───────
```

⑲
```
    9
+   3
───────
```

⑳
```
  1 1
−   9
───────
```

㉑
```
    6
+   5
───────
```

㉒
```
  1 2
−   3
───────
```

㉓
```
    7
+   4
───────
```

㉔
```
  1 7
−   9
───────
```

① 3+9 =

② 13-7 =

③ 5+9 =

④ 16-9 =

⑤ 9+6 =

⑥ 11-5 =

⑦ 8+9 =

⑧ 14-7 =

⑨ 5+8 =

⑩ 13-5 =

⑪ 8+3 =

⑫ 14-6 =

⑬ 9+2 =

⑭ 11-9 =

⑮ 4+7 =

⑯ 15-8 =

⑰ 4+8 =

⑱ 14-9 =

⑲ 9+8 =

⑳ 12-3 =

㉑ 9+7 =

㉒ 17-8 =

㉓ 6+9 =

㉔ 13-4 =

㉕ 6+8 =

㉖ 17-9 =

㉗ 9+9 =

㉘ 12-4 =

㉙ 5+6 =

㉚ 15-7 =

①
```
    9
+   7
─────
```

②
```
  1 5
-   6
─────
```

③
```
    6
+   7
─────
```

④
```
  1 1
-   4
─────
```

⑤
```
    7
+   8
─────
```

⑥
```
  1 3
-   6
─────
```

⑦
```
    7
+   7
─────
```

⑧
```
  1 6
-   7
─────
```

⑨
```
    9
+   4
─────
```

⑩
```
  1 2
-   7
─────
```

⑪
```
    8
+   5
─────
```

⑫
```
  1 4
-   5
─────
```

⑬
```
    8
+   6
─────
```

⑭
```
  1 1
-   8
─────
```

⑮
```
    3
+   8
─────
```

⑯
```
  1 4
-   8
─────
```

⑰
```
    7
+   5
─────
```

⑱
```
  1 5
-   9
─────
```

⑲
```
    9
+   9
─────
```

⑳
```
  1 2
-   9
─────
```

㉑
```
    7
+   6
─────
```

㉒
```
  1 6
-   8
─────
```

㉓
```
    4
+   9
─────
```

㉔
```
  1 3
-   9
─────
```

(두 자리 수)
+(한 자리 수)

▶ 학습계획 : 매일 공부할 날짜를 정하고, 계획에 맞게 공부하세요.

일차	1일차	2일차	3일차	4일차	5일차
날짜	/	/	/	/	/

▶ 학습연계 : 지금 무엇을 배우는지 확인하고, 이전에 배운 단계와 앞으로 배울 단계를 살펴보세요.

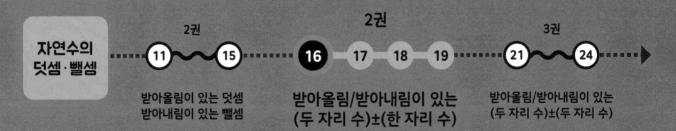

자연수의
덧셈·뺄셈

2권
11 ～ 15

2권
16 17 18 19

3권
21 ～ 24

받아올림이 있는 덧셈
받아내림이 있는 뺄셈

받아올림/받아내림이 있는
(두 자리 수)±(한 자리 수)

받아올림/받아내림이 있는
(두 자리 수)±(두 자리 수)

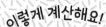

16 (두 자리 수)+(한 자리 수)

일의 자리에서 받아올림한 10은 십의 자리 위에 작게 '1'이라고 써요.

(두 자리 수)+(한 자리 수)를 세로로 계산할 때에는
❶ 같은 자리끼리 줄을 맞추어 쓰고 ❷ 일의 자리 수끼리의 합을 먼저 구한 후 ❸ 십의 자리를 계산해요.

이때 일의 자리 수끼리의 합이 10이거나 10보다 크면 10은 십의 자리 위에 작게 '1'이라 쓰고
남은 수는 일의 자리에 내려 씁니다.
십의 자리에는 받아올림한 수 1과 십의 자리 수를 더해서 내려 쓰세요.

십의 자리를 계산할 때 받아올림한 수를 빠뜨리지 않고 꼭 더해야 하는 것에 주의하세요!

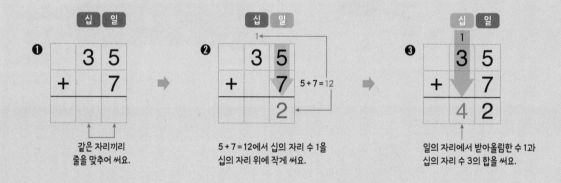

❶ 같은 자리끼리 줄을 맞추어 써요.	❷ 5+7=12에서 십의 자리 수 1을 십의 자리 위에 작게 써요.	❸ 일의 자리에서 받아올림한 수 1과 십의 자리 수 3의 합을 써요.

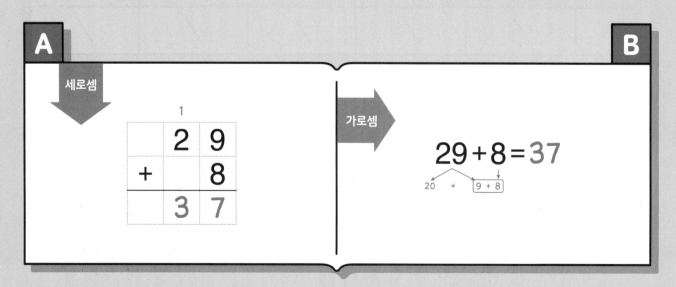

①
```
    1
    6 7
 +    3
```

②
```
    1
    1 5
 +    8
```

③
```
    3 4
 +    6
```

④
```
    4 5
 +    8
```

⑤
```
    5 2
 +    9
```

⑥
```
    8 9
 +    3
```

⑦
```
    7 9
 +    7
```

⑧
```
    3 4
 +    7
```

⑨
```
    8 7
 +    5
```

⑩
```
    2 8
 +    8
```

⑪
```
    6 7
 +    5
```

⑫
```
    2 6
 +    8
```

⑬
```
    5 5
 +    9
```

⑭
```
    2 9
 +    9
```

⑮
```
    5 9
 +    2
```

⑯
```
    7 8
 +    6
```

⑰
```
    1 5
 +    5
```

⑱
```
    7 8
 +    4
```

⑲
```
    8 3
 +    8
```

⑳
```
    4 7
 +    8
```

㉑
```
    7 7
 +    7
```

㉒
```
    6 5
 +    8
```

㉓
```
    3 8
 +    6
```

㉔
```
    4 4
 +    9
```

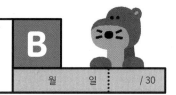

① $36+4=$

30 + 6 + 4

② $79+6=$

70 + 9 + 6

③ $22+9=$

22 + 8 + 1

④ $86+4=$

⑤ $86+7=$

⑥ $26+9=$

⑦ $19+1=$

⑧ $87+9=$

⑨ $59+8=$

⑩ $23+8=$

⑪ $65+9=$

⑫ $59+3=$

⑬ $63+7=$

⑭ $28+5=$

⑮ $13+9=$

⑯ $47+9=$

⑰ $78+8=$

⑱ $38+3=$

⑲ $48+2=$

⑳ $36+8=$

㉑ $75+6=$

㉒ $12+9=$

㉓ $56+6=$

㉔ $85+8=$

㉕ $57+8=$

㉖ $69+5=$

㉗ $28+4=$

㉘ $39+4=$

㉙ $48+6=$

㉚ $16+5=$

2 Day

(두 자리 수)+(한 자리 수)

A

월 일 / 24

①
```
    1 5
  +   5
```

②
```
    3 7
  +   7
```

③
```
    4 8
  +   6
```

④
```
    7 5
  +   8
```

⑤
```
    6 3
  +   8
```

⑥
```
    1 7
  +   4
```

⑦
```
    7 6
  +   4
```

⑧
```
    6 9
  +   9
```

⑨
```
    8 7
  +   9
```

⑩
```
    2 6
  +   9
```

⑪
```
    7 9
  +   3
```

⑫
```
    8 5
  +   7
```

⑬
```
    2 3
  +   8
```

⑭
```
    4 5
  +   7
```

⑮
```
    5 9
  +   9
```

⑯
```
    1 6
  +   7
```

⑰
```
    8 7
  +   8
```

⑱
```
    2 6
  +   5
```

⑲
```
    5 7
  +   3
```

⑳
```
    1 8
  +   3
```

㉑
```
    6 4
  +   8
```

㉒
```
    3 8
  +   7
```

㉓
```
    4 9
  +   7
```

㉔
```
    7 6
  +   8
```

① 28 + 2 =

20 + 8 + 2

② 14 + 8 =

10 + 4 + 8

③ 89 + 3 =

89 + 1 + 2

④ 66 + 8 =

⑤ 59 + 7 =

⑥ 36 + 6 =

⑦ 41 + 9 =

⑧ 79 + 9 =

⑨ 39 + 5 =

⑩ 27 + 6 =

⑪ 78 + 9 =

⑫ 78 + 7 =

⑬ 87 + 3 =

⑭ 56 + 9 =

⑮ 14 + 7 =

⑯ 48 + 3 =

⑰ 65 + 6 =

⑱ 54 + 9 =

⑲ 34 + 6 =

⑳ 29 + 8 =

㉑ 74 + 8 =

㉒ 87 + 7 =

㉓ 37 + 4 =

㉔ 47 + 8 =

㉕ 69 + 2 =

㉖ 47 + 5 =

㉗ 58 + 8 =

㉘ 15 + 7 =

㉙ 49 + 6 =

㉚ 18 + 6 =

①
```
    3 7
+     3
```

②
```
    5 8
+     8
```

③
```
    8 9
+     4
```

④
```
    4 9
+     3
```

⑤
```
    6 2
+     9
```

⑥
```
    1 6
+     8
```

⑦
```
    7 5
+     7
```

⑧
```
    1 4
+     8
```

⑨
```
    2 9
+     7
```

⑩
```
    3 6
+     7
```

⑪
```
    8 6
+     5
```

⑫
```
    4 8
+     2
```

⑬
```
    8 3
+     8
```

⑭
```
    6 7
+     5
```

⑮
```
    5 9
+     2
```

⑯
```
    7 8
+     7
```

⑰
```
    4 9
+     9
```

⑱
```
    6 9
+     5
```

⑲
```
    2 9
+     1
```

⑳
```
    1 4
+     7
```

㉑
```
    3 5
+     9
```

㉒
```
    1 9
+     6
```

㉓
```
    2 8
+     9
```

㉔
```
    7 3
+     8
```

① $54 + 6 =$

50 + 4 + 6

② $88 + 4 =$

88 + 2 + 2

③ $36 + 7 =$

④ $87 + 9 =$

⑤ $43 + 8 =$

⑥ $54 + 9 =$

⑦ $12 + 8 =$

⑧ $25 + 9 =$

⑨ $16 + 6 =$

⑩ $52 + 9 =$

⑪ $78 + 5 =$

⑫ $25 + 6 =$

⑬ $71 + 9 =$

⑭ $34 + 8 =$

⑮ $78 + 6 =$

⑯ $49 + 8 =$

⑰ $86 + 9 =$

⑱ $37 + 8 =$

⑲ $45 + 5 =$

⑳ $17 + 4 =$

㉑ $69 + 6 =$

㉒ $26 + 9 =$

㉓ $85 + 7 =$

㉔ $57 + 6 =$

㉕ $68 + 3 =$

㉖ $49 + 7 =$

㉗ $28 + 5 =$

㉘ $63 + 9 =$

㉙ $19 + 2 =$

㉚ $78 + 8 =$

①
```
    7 6
+     4
```

⑦
```
    5 8
+     7
```

⑬
```
    1 9
+     6
```

⑲
```
    2 7
+     4
```

②
```
    6 4
+     8
```

⑧
```
    8 3
+     9
```

⑭
```
    3 6
+     8
```

⑳
```
    4 9
+     1
```

③
```
    6 8
+     9
```

⑨
```
    1 7
+     9
```

⑮
```
    5 5
+     5
```

㉑
```
    7 4
+     8
```

④
```
    8 9
+     9
```

⑩
```
    2 8
+     3
```

⑯
```
    4 6
+     9
```

㉒
```
    5 2
+     9
```

⑤
```
    7 9
+     4
```

⑪
```
    8 8
+     7
```

⑰
```
    3 7
+     7
```

㉓
```
    2 6
+     6
```

⑥
```
    3 8
+     5
```

⑫
```
    4 7
+     5
```

⑱
```
    7 8
+     6
```

㉔
```
    8 9
+     7
```

(두 자리 수)+(한 자리 수)

B

월   일   / 30

① 59+1 =

② 32+9 =

③ 13+8 =

④ 84+8 =

⑤ 69+2 =

⑥ 34+7 =

⑦ 16+4 =

⑧ 87+5 =

⑨ 29+6 =

⑩ 47+9 =

⑪ 85+8 =

⑫ 36+5 =

⑬ 73+7 =

⑭ 65+9 =

⑮ 76+7 =

⑯ 45+6 =

⑰ 57+7 =

⑱ 39+4 =

⑲ 25+5 =

⑳ 18+7 =

㉑ 56+8 =

㉒ 18+9 =

㉓ 69+7 =

㉔ 29+5 =

㉕ 43+9 =

㉖ 47+6 =

㉗ 64+9 =

㉘ 78+8 =

㉙ 88+9 =

㉚ 26+7 =

①
```
    2 6
+     5
```

⑦
```
    1 8
+     8
```

⑬
```
    5 6
+     7
```

⑲
```
    7 8
+     2
```

②
```
    5 5
+     9
```

⑧
```
    8 7
+     4
```

⑭
```
    6 9
+     3
```

⑳
```
    6 8
+     6
```

③
```
    7 9
+     3
```

⑨
```
    3 6
+     9
```

⑮
```
    3 4
+     6
```

㉑
```
    7 5
+     7
```

④
```
    4 8
+     7
```

⑩
```
    8 9
+     5
```

⑯
```
    1 7
+     9
```

㉒
```
    1 9
+     8
```

⑤
```
    6 4
+     8
```

⑪
```
    5 9
+     2
```

⑰
```
    2 8
+     5
```

㉓
```
    5 8
+     3
```

⑥
```
    5 3
+     7
```

⑫
```
    4 7
+     6
```

⑱
```
    3 9
+     4
```

㉔
```
    7 7
+     9
```

(두 자리 수)+(한 자리 수)

① $48+2=$
40 + 8 + 2

② $74+8=$
74 + 6 + 2

③ $59+3=$

④ $89+3=$

⑤ $64+7=$

⑥ $37+7=$

⑦ $39+1=$

⑧ $28+3=$

⑨ $15+8=$

⑩ $39+8=$

⑪ $89+8=$

⑫ $54+9=$

⑬ $86+4=$

⑭ $16+8=$

⑮ $47+5=$

⑯ $59+9=$

⑰ $67+3=$

⑱ $69+6=$

⑲ $78+4=$

⑳ $19+3=$

㉑ $76+9=$

㉒ $35+6=$

㉓ $28+9=$

㉔ $43+8=$

㉕ $57+9=$

㉖ $68+8=$

㉗ $28+6=$

㉘ $47+8=$

㉙ $12+9=$

㉚ $85+7=$

(두 자리 수) −(한 자리 수)

▶ 학습계획 : 매일 공부할 날짜를 정하고, 계획에 맞게 공부하세요.

일차	1일차	2일차	3일차	4일차	5일차
날짜	/	/	/	/	/

▶ 학습연계 : 지금 무엇을 배우는지 확인하고, 이전에 배운 단계와 앞으로 배울 단계를 살펴보세요.

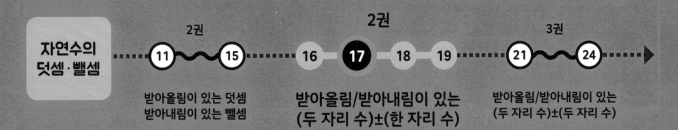

자연수의
덧셈·뺄셈

2권
11 — 15

2권
16 **17** 18 19

3권
21 — 24

받아올림이 있는 덧셈
받아내림이 있는 뺄셈

받아올림/받아내림이 있는
(두 자리 수)±(한 자리 수)

받아올림/받아내림이 있는
(두 자리 수)±(두 자리 수)

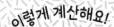

 17 **(두 자리 수)-(한 자리 수)**

> **십의 자리 수 1을 받아내림하면 일의 자리에서 10이 돼요.**

(두 자리 수)-(한 자리 수)를 세로로 계산할 때에도
❶ 같은 자리끼리 줄을 맞추어 쓰고 ❷ 일의 자리 수끼리의 차를 먼저 구한 후 ❸ 십의 자리를 계산해요.

이때 일의 자리 수끼리의 차를 구할 수 없으면 십의 자리에서 10을 받아내림하여 계산합니다.
일의 자리로 10을 받아내림하면 십의 자리에서는 수가 1 작아집니다.

일의 자리 수끼리 계산할 때 십의 자리에서 받아내림이 필요한지 먼저 생각해 보는 습관을 들이세요.

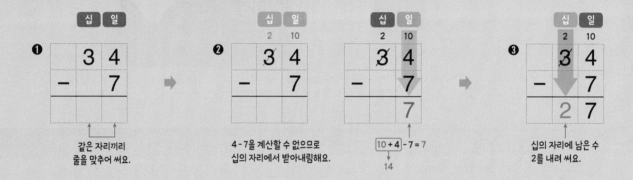

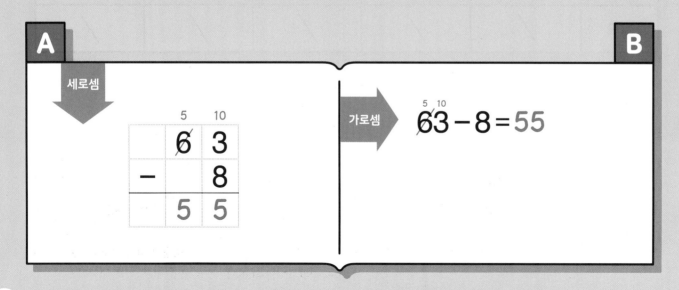

①
```
    6  10
    7  1
 -     9
```

②
```
   3  10
   4  0
 -    2
```

③
```
   7  4
 -    8
```

④
```
   2  3
 -    9
```

⑤
```
   4  7
 -    9
```

⑥
```
   7  6
 -    8
```

⑦
```
   3  2
 -    6
```

⑧
```
   9  2
 -    5
```

⑨
```
   6  2
 -    7
```

⑩
```
   8  1
 -    3
```

⑪
```
   2  2
 -    8
```

⑫
```
   6  4
 -    7
```

⑬
```
   8  2
 -    4
```

⑭
```
   2  4
 -    5
```

⑮
```
   8  0
 -    7
```

⑯
```
   9  8
 -    9
```

⑰
```
   3  1
 -    5
```

⑱
```
   5  4
 -    9
```

⑲
```
   5  6
 -    9
```

⑳
```
   9  3
 -    8
```

㉑
```
   4  2
 -    9
```

㉒
```
   5  3
 -    5
```

㉓
```
   6  0
 -    8
```

㉔
```
   8  4
 -    6
```

① 22-7 =

② 43-6 =

③ 81-9 =

④ 63-8 =

⑤ 56-7 =

⑥ 87-9 =

⑦ 41-8 =

⑧ 53-4 =

⑨ 83-7 =

⑩ 20-9 =

⑪ 43-9 =

⑫ 35-6 =

⑬ 72-6 =

⑭ 61-3 =

⑮ 70-5 =

⑯ 61-7 =

⑰ 82-3 =

⑱ 94-8 =

⑲ 38-9 =

⑳ 23-5 =

㉑ 92-8 =

㉒ 74-6 =

㉓ 93-5 =

㉔ 60-3 =

㉕ 95-6 =

㉖ 32-9 =

㉗ 50-4 =

㉘ 37-8 =

㉙ 21-4 =

㉚ 71-6 =

①
```
    7  10
    8̸  5
 -     9
 ─────────
```

②
```
    2  10
    3̸  4
 -     8
 ─────────
```

③
```
    6  0
 -     2
 ─────────
```

④
```
    9  3
 -     6
 ─────────
```

⑤
```
    5  2
 -     8
 ─────────
```

⑥
```
    2  1
 -     3
 ─────────
```

⑦
```
    5  3
 -     8
 ─────────
```

⑧
```
    9  3
 -     7
 ─────────
```

⑨
```
    3  7
 -     9
 ─────────
```

⑩
```
    2  5
 -     7
 ─────────
```

⑪
```
    7  0
 -     7
 ─────────
```

⑫
```
    4  2
 -     5
 ─────────
```

⑬
```
    7  3
 -     6
 ─────────
```

⑭
```
    4  2
 -     4
 ─────────
```

⑮
```
    2  5
 -     6
 ─────────
```

⑯
```
    4  5
 -     8
 ─────────
```

⑰
```
    8  3
 -     4
 ─────────
```

⑱
```
    7  6
 -     7
 ─────────
```

⑲
```
    6  2
 -     7
 ─────────
```

⑳
```
    4  6
 -     9
 ─────────
```

㉑
```
    8  4
 -     7
 ─────────
```

㉒
```
    6  0
 -     4
 ─────────
```

㉓
```
    9  1
 -     9
 ─────────
```

㉔
```
    3  0
 -     5
 ─────────
```

① 65-6 =

50 + [15 - 6]

② 27-8 =

[27 - 7] - 1

③ 42-8 =

④ 56-7 =

⑤ 40-9 =

⑥ 65-9 =

⑦ 20-3 =

⑧ 72-9 =

⑨ 80-6 =

⑩ 34-6 =

⑪ 81-7 =

⑫ 22-3 =

⑬ 54-7 =

⑭ 91-5 =

⑮ 31-9 =

⑯ 54-9 =

⑰ 73-7 =

⑱ 43-4 =

⑲ 83-9 =

⑳ 61-3 =

㉑ 93-8 =

㉒ 23-5 =

㉓ 91-6 =

㉔ 38-9 =

㉕ 31-8 =

㉖ 75-7 =

㉗ 32-5 =

㉘ 60-8 =

㉙ 53-4 =

㉚ 92-7 =

①
```
    1   10
    2   4
-       9
─────────
```

②
```
    4   0
-       8
─────────
```

③
```
    5   2
-       9
─────────
```

④
```
    9   3
-       7
─────────
```

⑤
```
    6   3
-       5
─────────
```

⑥
```
    3   1
-       6
─────────
```

⑦
```
    6   1
-       8
─────────
```

⑧
```
    8   1
-       9
─────────
```

⑨
```
    3   5
-       6
─────────
```

⑩
```
    4   3
-       8
─────────
```

⑪
```
    9   0
-       4
─────────
```

⑫
```
    9   4
-       7
─────────
```

⑬
```
    3   1
-       3
─────────
```

⑭
```
    5   5
-       7
─────────
```

⑮
```
    7   2
-       5
─────────
```

⑯
```
    2   2
-       3
─────────
```

⑰
```
    8   2
-       6
─────────
```

⑱
```
    5   4
-       8
─────────
```

⑲
```
    9   5
-       9
─────────
```

⑳
```
    2   1
-       2
─────────
```

㉑
```
    6   1
-       7
─────────
```

㉒
```
    5   3
-       9
─────────
```

㉓
```
    7   2
-       4
─────────
```

㉔
```
    6   7
-       8
─────────
```

① 74−8 =
60 + 14−8

② 25−9 =

③ 33−5 =

④ 41−9 =

⑤ 65−8 =

⑥ 32−3 =

⑦ 54−9 =

⑧ 91−6 =

⑨ 60−5 =

⑩ 23−4 =

⑪ 85−7 =

⑫ 34−6 =

⑬ 83−7 =

⑭ 64−8 =

⑮ 93−9 =

⑯ 71−8 =

⑰ 50−3 =

⑱ 76−9 =

⑲ 21−5 =

⑳ 52−4 =

㉑ 30−2 =

㉒ 41−2 =

㉓ 90−9 =

㉔ 26−8 =

㉕ 42−6 =

㉖ 81−3 =

㉗ 71−5 =

㉘ 53−6 =

㉙ 62−7 =

㉚ 42−9 =

①
```
   2  10
   3  5
-
```

②
```
   4  3
-     8
```

③
```
   2  6
-     9
```

④
```
   9  0
-     8
```

⑤
```
   6  1
-     9
```

⑥
```
   4  0
-     6
```

⑦
```
   9  4
-     8
```

⑧
```
   2  3
-     5
```

⑨
```
   4  1
-     3
```

⑩
```
   2  1
-     2
```

⑪
```
   8  2
-     7
```

⑫
```
   6  2
-     3
```

⑬
```
   5  5
-     9
```

⑭
```
   6  3
-     6
```

⑮
```
   3  4
-     7
```

⑯
```
   5  4
-     8
```

⑰
```
   7  3
-     5
```

⑱
```
   9  6
-     8
```

⑲
```
   8  3
-     7
```

⑳
```
   5  0
-     9
```

㉑
```
   7  5
-     8
```

㉒
```
   3  7
-     9
```

㉓
```
   9  2
-     8
```

㉔
```
   6  3
-     4
```

① 61-6=

50 + 11-6

② 70-4=

③ 32-4=

④ 96-9=

⑤ 51-7=

⑥ 30-5=

⑦ 27-9=

⑧ 50-2=

⑨ 77-8=

⑩ 46-7=

⑪ 32-3=

⑫ 21-4=

⑬ 45-8=

⑭ 95-6=

⑮ 25-6=

⑯ 62-5=

⑰ 81-8=

⑱ 53-5=

⑲ 84-7=

⑳ 63-9=

㉑ 42-6=

㉒ 24-5=

㉓ 92-7=

㉔ 73-6=

㉕ 31-5=

㉖ 56-8=

㉗ 80-7=

㉘ 61-3=

㉙ 42-9=

㉚ 72-8=

5 Day (두 자리 수)-(한 자리 수)

A

①
```
  1  10
  2  6
-    7
───────
```

②
```
  5  4
-    8
───────
```

③
```
  8  0
-    6
───────
```

④
```
  5  2
-    9
───────
```

⑤
```
  4  3
-    6
───────
```

⑥
```
  3  7
-    9
───────
```

⑦
```
  4  5
-    9
───────
```

⑧
```
  8  1
-    5
───────
```

⑨
```
  3  1
-    8
───────
```

⑩
```
  7  1
-    3
───────
```

⑪
```
  6  2
-    8
───────
```

⑫
```
  8  4
-    7
───────
```

⑬
```
  6  2
-    7
───────
```

⑭
```
  3  3
-    4
───────
```

⑮
```
  9  1
-    6
───────
```

⑯
```
  5  3
-    4
───────
```

⑰
```
  9  0
-    2
───────
```

⑱
```
  6  5
-    8
───────
```

⑲
```
  7  2
-    5
───────
```

⑳
```
  2  3
-    9
───────
```

㉑
```
  6  3
-    5
───────
```

㉒
```
  8  2
-    6
───────
```

㉓
```
  2  4
-    5
───────
```

㉔
```
  4  1
-    9
───────
```

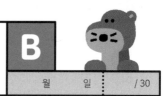
① 75-9=

60 + 15-9

② 37-8=

③ 23-8=

④ 32-5=

⑤ 73-6=

⑥ 60-9=

⑦ 41-6=

⑧ 20-1=

⑨ 46-9=

⑩ 92-8=

⑪ 91-4=

⑫ 42-9=

⑬ 64-9=

⑭ 51-7=

⑮ 92-6=

⑯ 81-3=

⑰ 25-7=

⑱ 53-5=

⑲ 58-9=

⑳ 70-3=

㉑ 51-8=

㉒ 32-7=

㉓ 71-5=

㉔ 80-4=

㉕ 86-7=

㉖ 61-5=

㉗ 82-4=

㉘ 43-9=

㉙ 65-6=

㉚ 36-8=

18 단계

두 자리 수와 한 자리 수의 덧셈과 뺄셈 종합

▶ 학습계획 : 매일 공부할 날짜를 정하고, 계획에 맞게 공부하세요.

일차	1일차	2일차	3일차	4일차	5일차
날짜	/	/	/	/	/

▶ 학습연계 : 지금 무엇을 배우는지 확인하고, 이전에 배운 단계와 앞으로 배울 단계를 살펴보세요.

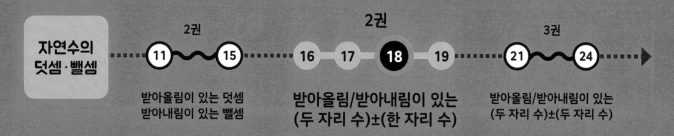

자연수의 덧셈·뺄셈

2권
11 ～ 15

2권
16 17 **18** 19

3권
21 ～ 24

받아올림이 있는 덧셈
받아내림이 있는 뺄셈

받아올림/받아내림이 있는
(두 자리 수)±(한 자리 수)

받아올림/받아내림이 있는
(두 자리 수)±(두 자리 수)

18 두 자리 수와 한 자리 수의 덧셈과 뺄셈 종합

(두 자리 수)+(한 자리 수)

받아올림이 없는 덧셈, 받아올림이 있는 덧셈, (몇십)+(몇)의 계산을 총정리하는 단계예요.

❶ 일의 자리 수끼리의 합을 구합니다.
이때 합이 10이거나 10보다 크면 10을 십의 자리에 1로 받아올림합니다.

❷ 십의 자리 수를 내려 쓸 때 일의 자리에서 받아올림이 있으면 받아올림한 수와 십의 자리 수의 합을 내려 씁니다.

(두 자리 수)-(한 자리 수)

받아내림이 없는 뺄셈, 받아내림이 있는 뺄셈, (몇십)-(몇)의 계산을 총정리하는 단계예요.
집중해서 정확하게 풀 수 있는 실력을 기르도록 합니다.

❶ 일의 자리 수끼리의 차를 구합니다.
이때 필요하면 십의 자리의 1을 일의 자리에 10으로 받아내림하여 계산합니다.

❷ 십의 자리 수를 내려 쓸 때 일의 자리로 받아내림이 있으면 남은 십의 자리 수를 답으로 써야 함을 잊지 마세요.

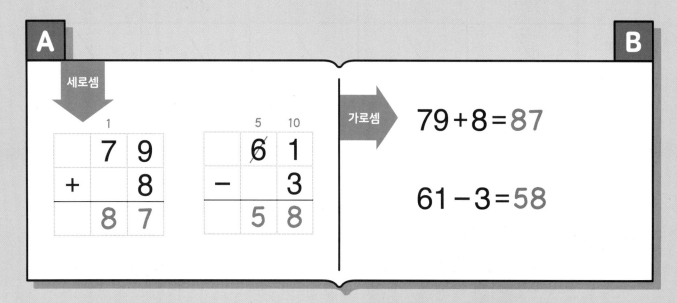

①
```
    5 0
+     4
─────────
```

②
```
    5 3
+     4
─────────
```

③
```
    3 6
+     4
─────────
```

④
```
    1 8
+     2
─────────
```

⑤
```
    2 7
+     9
─────────
```

⑥
```
    8 5
+     6
─────────
```

⑦
```
    1 0
-     7
─────────
```

⑧
```
    4 0
-     6
─────────
```

⑨
```
    5 3
-     2
─────────
```

⑩
```
    2 2
-     8
─────────
```

⑪
```
    5 2
-     9
─────────
```

⑫
```
    3 4
-     6
─────────
```

⑬
```
    1 6
+     7
─────────
```

⑭
```
    7 6
+     5
─────────
```

⑮
```
    4 9
+     8
─────────
```

⑯
```
    2 9
+     2
─────────
```

⑰
```
    3 3
+     7
─────────
```

⑱
```
    8 8
+     7
─────────
```

⑲
```
    8 2
-     9
─────────
```

⑳
```
    7 4
-     5
─────────
```

㉑
```
    1 2
-     8
─────────
```

㉒
```
    9 7
-     8
─────────
```

㉓
```
    5 1
-     4
─────────
```

㉔
```
    2 1
-     3
─────────
```

두 자리 수와 한 자리 수의 덧셈과 뺄셈 종합

B

월   일   / 30

① 14－8 =

② 23＋8 =

③ 63－9 =

④ 37＋5 =

⑤ 20－6 =

⑥ 19＋9 =

⑦ 76－3 =

⑧ 55＋5 =

⑨ 90－7 =

⑩ 85＋7 =

⑪ 27－7 =

⑫ 79＋4 =

⑬ 13－6 =

⑭ 51＋7 =

⑮ 42－6 =

⑯ 86＋8 =

⑰ 70－3 =

⑱ 22＋8 =

⑲ 64－5 =

⑳ 55＋9 =

㉑ 86－9 =

㉒ 17＋5 =

㉓ 34－8 =

㉔ 25＋7 =

㉕ 12－6 =

㉖ 69＋3 =

㉗ 21－2 =

㉘ 76＋9 =

㉙ 38－9 =

㉚ 54＋8 =

①
```
    4  0
 +     8
```

②
```
    7  2
 +     8
```

③
```
    2  7
 +     3
```

④
```
    6  5
 +     5
```

⑤
```
    1  4
 +     7
```

⑥
```
    3  1
 +     6
```

⑦
```
    3  0
 -     4
```

⑧
```
    6  0
 -     7
```

⑨
```
    8  1
 -     2
```

⑩
```
    3  9
 -     2
```

⑪
```
    4  2
 -     8
```

⑫
```
    5  4
 -     6
```

⑬
```
    2  9
 +     4
```

⑭
```
    8  8
 +     6
```

⑮
```
    1  9
 +     2
```

⑯
```
    3  7
 +     7
```

⑰
```
    3  8
 +     6
```

⑱
```
    5  8
 +     9
```

⑲
```
    7  5
 -     7
```

⑳
```
    1  8
 -     9
```

㉑
```
    2  2
 -     3
```

㉒
```
    9  1
 -     5
```

㉓
```
    3  5
 -     8
```

㉔
```
    6  4
 -     8
```

① 13-8 =

② 72+9 =

③ 56-7 =

④ 28+4 =

⑤ 80-2 =

⑥ 33+9 =

⑦ 48-5 =

⑧ 67+3 =

⑨ 70-7 =

⑩ 18+5 =

⑪ 36-9 =

⑫ 76+5 =

⑬ 24-8 =

⑭ 52+4 =

⑮ 15-7 =

⑯ 44+8 =

⑰ 50-6 =

⑱ 85+5 =

⑲ 94-9 =

⑳ 18+3 =

㉑ 63-4 =

㉒ 22+9 =

㉓ 48-7 =

㉔ 85+8 =

㉕ 96-7 =

㉖ 19+5 =

㉗ 13-7 =

㉘ 38+4 =

㉙ 71-5 =

㉚ 76+7 =

①
```
    7 0
+     8
-------
```

②
```
    2 9
+     1
-------
```

③
```
    6 4
+     6
-------
```

④
```
    1 7
+     5
-------
```

⑤
```
    4 8
+     9
-------
```

⑥
```
    8 5
+     6
-------
```

⑦
```
    4 0
-     8
-------
```

⑧
```
    3 0
-     5
-------
```

⑨
```
    2 9
-     3
-------
```

⑩
```
    1 7
-     9
-------
```

⑪
```
    5 6
-     8
-------
```

⑫
```
    4 3
-     7
-------
```

⑬
```
    3 3
+     8
-------
```

⑭
```
    5 2
+     9
-------
```

⑮
```
    4 6
+     8
-------
```

⑯
```
    8 6
+     5
-------
```

⑰
```
    1 4
+     7
-------
```

⑱
```
    6 9
+     4
-------
```

⑲
```
    6 2
-     6
-------
```

⑳
```
    9 4
-     5
-------
```

㉑
```
    4 3
-     9
-------
```

㉒
```
    5 1
-     2
-------
```

㉓
```
    3 8
-     9
-------
```

㉔
```
    4 1
-     6
-------
```

① 23−5 =

② 76+7 =

③ 13−8 =

④ 46+9 =

⑤ 30−9 =

⑥ 57+6 =

⑦ 85−4 =

⑧ 68+2 =

⑨ 40−5 =

⑩ 19+6 =

⑪ 17−7 =

⑫ 42+9 =

⑬ 24−8 =

⑭ 83+1 =

⑮ 33−6 =

⑯ 59+3 =

⑰ 60−8 =

⑱ 76+9 =

⑲ 91−6 =

⑳ 28+5 =

㉑ 45−9 =

㉒ 58+6 =

㉓ 18−9 =

㉔ 29+3 =

㉕ 51−8 =

㉖ 33+9 =

㉗ 76−7 =

㉘ 67+8 =

㉙ 82−8 =

㉚ 26+9 =

①
```
    2 0
+     9
```

②
```
    8 9
+     1
```

③
```
    4 2
+     8
```

④
```
    7 3
+     7
```

⑤
```
    1 2
+     5
```

⑥
```
    5 5
+     6
```

⑦
```
    6 0
-     2
```

⑧
```
    3 0
-     8
```

⑨
```
    1 7
-     9
```

⑩
```
    4 8
-     3
```

⑪
```
    5 6
-     8
```

⑫
```
    8 2
-     5
```

⑬
```
    1 4
+     8
```

⑭
```
    3 3
+     8
```

⑮
```
    6 7
+     6
```

⑯
```
    8 4
+     9
```

⑰
```
    2 7
+     9
```

⑱
```
    4 8
+     9
```

⑲
```
    2 4
-     6
```

⑳
```
    7 1
-     8
```

㉑
```
    9 6
-     8
```

㉒
```
    1 4
-     7
```

㉓
```
    3 5
-     7
```

㉔
```
    5 3
-     6
```

① $62-9=$

② $43+9=$

③ $13-5=$

④ $29+3=$

⑤ $80-7=$

⑥ $53+8=$

⑦ $27-4=$

⑧ $71+9=$

⑨ $90-6=$

⑩ $39+5=$

⑪ $73-3=$

⑫ $66+8=$

⑬ $45-7=$

⑭ $94+2=$

⑮ $16-9=$

⑯ $25+6=$

⑰ $50-8=$

⑱ $81+9=$

⑲ $33-4=$

⑳ $16+8=$

㉑ $45-8=$

㉒ $24+7=$

㉓ $72-9=$

㉔ $19+8=$

㉕ $32-6=$

㉖ $57+6=$

㉗ $11-8=$

㉘ $58+4=$

㉙ $91-5=$

㉚ $35+8=$

①
```
  8 0
+   1
─────
```

②
```
  4 7
+   1
─────
```

③
```
  5 8
+   2
─────
```

④
```
  1 9
+   1
─────
```

⑤
```
  3 6
+   6
─────
```

⑥
```
  2 3
+   8
─────
```

⑦
```
  5 0
−   7
─────
```

⑧
```
  2 0
−   8
─────
```

⑨
```
  1 1
−   9
─────
```

⑩
```
  7 2
−   6
─────
```

⑪
```
  4 8
−   9
─────
```

⑫
```
  6 3
−   7
─────
```

⑬
```
  2 9
+   3
─────
```

⑭
```
  6 4
+   8
─────
```

⑮
```
  5 6
+   6
─────
```

⑯
```
  7 9
+   5
─────
```

⑰
```
  1 4
+   9
─────
```

⑱
```
  4 9
+   7
─────
```

⑲
```
  3 7
−   2
─────
```

⑳
```
  9 5
−   7
─────
```

㉑
```
  2 2
−   5
─────
```

㉒
```
  8 7
−   8
─────
```

㉓
```
  1 4
−   9
─────
```

㉔
```
  5 6
−   8
─────
```

두 자리 수와 한 자리 수의 덧셈과 뺄셈 종합

① 72−9 =

② 41+9 =

③ 16−7 =

④ 18+5 =

⑤ 80−2 =

⑥ 26+8 =

⑦ 35−2 =

⑧ 66+4 =

⑨ 60−6 =

⑩ 57+8 =

⑪ 91−7 =

⑫ 45+8 =

⑬ 42−6 =

⑭ 84+4 =

⑮ 11−5 =

⑯ 27+9 =

⑰ 30−2 =

⑱ 71+9 =

⑲ 68−9 =

⑳ 25+8 =

㉑ 45−8 =

㉒ 88+5 =

㉓ 16−8 =

㉔ 36+9 =

㉕ 52−7 =

㉖ 27+6 =

㉗ 73−4 =

㉘ 14+8 =

㉙ 46−7 =

㉚ 19+8 =

19 단계

덧셈과 뺄셈의
혼합 계산

▶ 학습계획 : 매일 공부할 날짜를 정하고, 계획에 맞게 공부하세요.

일차	1일차	2일차	3일차	4일차	5일차
날짜	/	/	/	/	/

▶ 학습연계 : 지금 무엇을 배우는지 확인하고, 이전에 배운 단계와 앞으로 배울 단계를 살펴보세요.

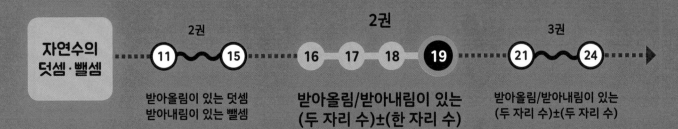

자연수의
덧셈·뺄셈

2권
⑪ ~ ⑮

2권
⑯ ⑰ ⑱ ⑲

3권
㉑ ~ ㉔

받아올림이 있는 덧셈
받아내림이 있는 뺄셈

받아올림/받아내림이 있는
(두 자리 수)±(한 자리 수)

받아올림/받아내림이 있는
(두 자리 수)±(두 자리 수)

19 덧셈과 뺄셈의 혼합 계산

앞에서부터 두 수씩 계산해요.

덧셈, 뺄셈이 섞여 있는 계산의 원리는 이것만 기억해요.
'앞에서부터 두 수씩 계산한다!'
덧셈이 연달아 있어도, 뺄셈이 연달아 있어도, 덧셈과 뺄셈이 섞여 있어도 앞에서부터 두 수씩 차례대로 계산하면 됩니다.

학년이 올라가면 점점 복잡한 계산을 하게 됩니다. 연달아 계산하는 연습은 앞으로를 위한 준비 과정이에요. 수가 많아지더라도 연습을 꾸준히 하면 계산에 익숙해지므로 두려워하지 말고 시작해 봐요.

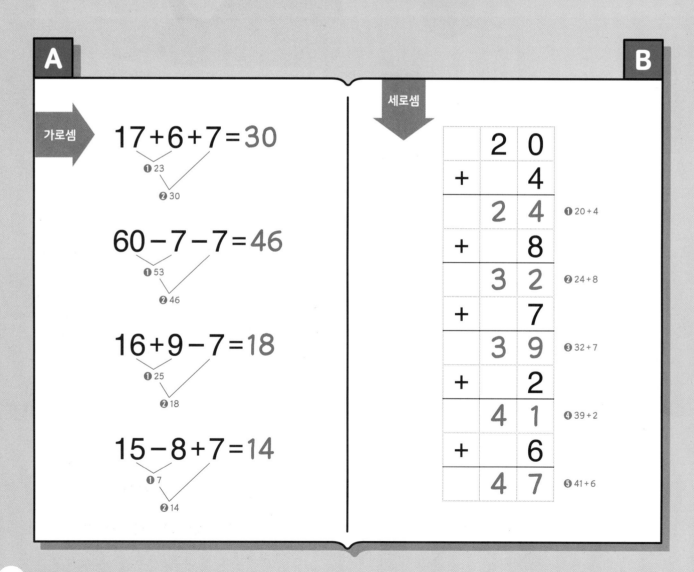

A

가로셈

$$17+6+7=30$$
❶ 23
❷ 30

$$60-7-7=46$$
❶ 53
❷ 46

$$16+9-7=18$$
❶ 25
❷ 18

$$15-8+7=14$$
❶ 7
❷ 14

B

세로셈

```
    2 0
+     4
    2 4    ❶ 20 + 4
+     8
    3 2    ❷ 24 + 8
+     7
    3 9    ❸ 32 + 7
+     2
    4 1    ❹ 39 + 2
+     6
    4 7    ❺ 41 + 6
```

① $4+5+7=$
   9

② $24+5+7=$

③ $11+6+6=$

④ $12+3+8=$

⑤ $34+0+9=$

⑥ $10-2-4=$
   8

⑦ $19-5-3=$

⑧ $21-9-8=$

⑨ $16-8-4=$

⑩ $13-4-5=$

⑪ $12+9-6=$
   21

⑫ $19+5-7=$

⑬ $19+5-8=$

⑭ $26+8-4=$

⑮ $45+9-7=$

⑯ $13-4+9=$
   9

⑰ $27-8+4=$

⑱ $15-7+8=$

⑲ $51-5+6=$

⑳ $12-4+5=$

덧셈과 뺄셈의 혼합 계산

※ 문번호에 관계없이 하나의 식을 한 문제로
생각하여 각각 채점해 주세요.

①
```
    2 7
+     6
```
```
+     5
```
```
+     8
```
```
+     9
```
```
+     3
```
```
+     7
```
```
+     5
```
```
+     8
```
```
+     4
```
```
+     9
```

②
```
    7 8
−     9
```
```
−     4
```
```
−     7
```
```
−     7
```
```
−     6
```
```
−     5
```
```
−     8
```
```
−     3
```
```
−     7
```
```
−     9
```

③
```
    4 4
+     9
```
```
−     8
```
```
+     7
```
```
−     6
```
```
+     5
```
```
−     4
```
```
+     3
```
```
−     2
```
```
+     1
```
```
−     7
```

① $13+9+4=$
   22

② $21+2+8=$

③ $17+3+6=$

④ $12+7+1=$

⑤ $25+3+7=$

⑥ $23-7-4=$
   16

⑦ $15-5-3=$

⑧ $22-9-5=$

⑨ $11-1-1=$

⑩ $16-4-4=$

⑪ $21+6-9=$
   27

⑫ $14+7-5=$

⑬ $18+3-7=$

⑭ $28+8-9=$

⑮ $33+6-4=$

⑯ $16-4+8=$
   12

⑰ $46-8+7=$

⑱ $15-7+3=$

⑲ $21-4+6=$

⑳ $14-4+5=$

※ 문번호에 관계없이 하나의 식을 한 문제로
생각하여 각각 채점해 주세요.

①
```
    3 6
+     4

+     8

+     5

+     9

+     7

+     2

+     9

+     5

+     6

+     8
```

②
```
    5 3
−     7

−     1

−     5

−     8

−     3

−     6

−     2

−     4

−     4

−     7
```

③
```
    6 2
+     9

−     5

+     7

−     4

+     7

−     9

+     6

−     8

+     8

−     9
```

① $22+3+8=$
25

② $17+6+9=$

③ $13+4+7=$

④ $64+8+1=$

⑤ $16+1+9=$

⑥ $23-8-2=$
15

⑦ $15-7-8=$

⑧ $37-9-5=$

⑨ $18-3-7=$

⑩ $19-4-5=$

⑪ $26+7-5=$
33

⑫ $19+0-6=$

⑬ $35+6-3=$

⑭ $16+9-6=$

⑮ $72+9-8=$

⑯ $15-6+9=$
9

⑰ $28-4+7=$

⑱ $63-7+4=$

⑲ $14-2+9=$

⑳ $17-9+8=$

※ 문번호에 관계없이 하나의 식을 한 문제로 생각하여 각각 채점해 주세요.

①

	1	3
+		7
+		6
+		9
+		4
+		5
+		8
+		9
+		8
+		5
+		6

②

	8	7
−		5
−		9
−		2
−		9
−		6
−		8
−		9
−		5
−		7
−		8

③

	3	4
+		8
−		9
+		7
−		6
+		9
−		4
+		3
−		7
+		5
−		2

덧셈과 뺄셈의 혼합 계산

① 33+7+3=
40

② 15+8+6=

③ 14+9+6=

④ 27+5+7=

⑤ 46+0+9=

⑥ 60-7-5=
53

⑦ 24-6-7=

⑧ 18-9-9=

⑨ 31-3-8=

⑩ 53-7-7=

⑪ 73+8-7=
81

⑫ 13+9-6=

⑬ 26+6-7=

⑭ 36+5-3=

⑮ 22+7-8=

⑯ 56-3+9=
53

⑰ 17-8+6=

⑱ 37-8+8=

⑲ 21-4+9=

⑳ 44-9+3=

※ 문번호에 관계없이 하나의 식을 한 문제로
생각하여 각각 채점해 주세요.

①
```
      7
  +   9
_____

  +   9
_____

  +   9
_____

  +   9
_____

  +   9
_____

  +   9
_____

  +   9
_____

  +   9
_____

  +   9
_____
```

②
```
    9 2
  -   7
_____

  -   7
_____

  -   7
_____

  -   7
_____

  -   7
_____

  -   7
_____

  -   7
_____

  -   7
_____

  -   7
_____
```

③
```
    3 0
  +   7
_____

  -   9
_____

  +   8
_____

  -   7
_____

  +   5
_____

  -   6
_____

  +   7
_____

  -   8
_____

  +   4
_____

  -   8
_____
```

덧셈과 뺄셈의 혼합 계산

① $17+6+7=$
  23

② $28+3+5=$

③ $19+9+9=$

④ $40+8+6=$

⑤ $34+6+3=$

⑥ $60-7-7=$
  53

⑦ $23-5-8=$

⑧ $19-4-6=$

⑨ $45-9-5=$

⑩ $18-1-9=$

⑪ $38+7-9=$
  45

⑫ $51+8-4=$

⑬ $70+2-5=$

⑭ $16+9-7=$

⑮ $25+8-6=$

⑯ $19-7+5=$
  12

⑰ $46-8+3=$

⑱ $15-6+4=$

⑲ $60-4+6=$

⑳ $20-8+3=$

※ 문번호에 관계없이 하나의 식을 한 문제로
생각하여 각각 채점해 주세요.

①
```
    2 0
+     4
─────────
+     8
─────────
+     7
─────────
+     2
─────────
+     6
─────────
+     9
─────────
+     4
─────────
+     5
─────────
+     7
─────────
+     9
─────────
```

②
```
    7 0
−     6
─────────
−     4
─────────
−     9
─────────
−     7
─────────
−     2
─────────
−     5
─────────
−     8
─────────
−     6
─────────
−     8
─────────
−     6
─────────
```

③
```
    6 5
+     7
─────────
−     9
─────────
+     3
─────────
−     8
─────────
+     6
─────────
−     5
─────────
+     7
─────────
−     8
─────────
+     9
─────────
−     5
─────────
```

20단계

1학년 방정식

덧셈식, 뺄셈식에서 수가 커지면 □를 직관적으로 구하는 것이 어려워요.
이제부터는 덧셈과 뺄셈의 관계를 이용하여 식을 바꿀 수 있어야 합니다.
머릿속으로만 생각해서는 답을 쉽게 구할 수 없으므로 수직선을 이용하면
좋아요. 수직선으로 전체와 부분의 관계를 눈으로 직접 확인하면서 문제를
풀면 쉽게 해결할 수 있습니다.
이 단계를 잘 익히면 학년이 올라가면서 수가 더 큰 식이 나와도
같은 방법으로 문제를 풀 수 있답니다.

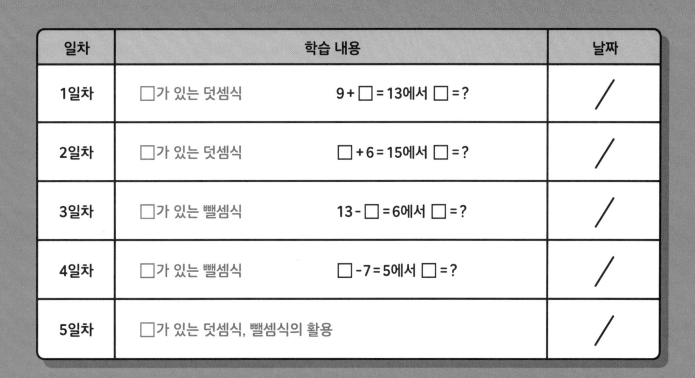

일차	학습 내용		날짜
1일차	□가 있는 덧셈식	9 + □ = 13에서 □ = ?	/
2일차	□가 있는 덧셈식	□ + 6 = 15에서 □ = ?	/
3일차	□가 있는 뺄셈식	13 - □ = 6에서 □ = ?	/
4일차	□가 있는 뺄셈식	□ - 7 = 5에서 □ = ?	/
5일차	□가 있는 덧셈식, 뺄셈식의 활용		/

20 # 1학년 방정식

수직선 안에 식이 숨어 있어요.

수직선에는 4개의 식이 숨어 있어요. 모두 찾아볼까요?

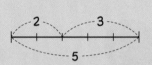

2와 3을 더하면 5(전체) ➡ $2+3=5$

3과 2를 더하면 5(전체) ➡ $3+2=5$

5(전체)에서 2를 빼면 3 ➡ $5-2=3$

5(전체)에서 3을 빼면 2 ➡ $5-3=2$

수직선을 이용하면 전체와 부분의 관계를 한눈에 볼 수 있어 식을 쉽게 만들 수 있어요.

수직선만 그리면 □를 구하는 식을 만들 수 있어요.

$2+□=5$에서 □를 구하려면 먼저 수직선으로 나타내어 전체와 부분의 관계를 살펴보세요.
그 다음 □를 구할 수 있는 식으로 바꾸면 답을 쉽게 찾을 수 있어요.

$2+□=5$ ➡ ➡ $□=5-2$ ➡ $□=3$

2와 □를 더하면 5!
전체 5에서 2를 빼면 □가 되지.

$□-4=3$ ➡ ➡ $□=3+4$ ➡ $□=7$

□에서 4를 빼면 3!
3과 4를 더하면 전체 □가 되지.

$7+□=12$ ➡ $□=$ _12-7_ ➡ $□=$ _5_

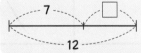

① $9 + \boxed{} = 13$ ➡ $\boxed{} = \underline{\quad 13 - 9 \quad}$ ➡ $\boxed{} = \underline{\quad 4 \quad}$

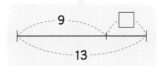

② $2 + \boxed{} = 11$ ➡ $\boxed{} = \underline{\qquad\qquad}$ ➡ $\boxed{} = \underline{\qquad\qquad}$

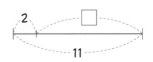

③ $6 + \boxed{} = 13$ ➡ $\boxed{} = \underline{\qquad\qquad}$ ➡ $\boxed{} = \underline{\qquad\qquad}$

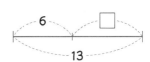

④ $5 + \boxed{} = 12$ ➡ $\boxed{} = \underline{\qquad\qquad}$ ➡ $\boxed{} = \underline{\qquad\qquad}$

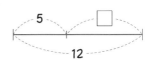

⑤ $8 + \boxed{} = 17$ ➡ $\boxed{} = \underline{\qquad\qquad}$ ➡ $\boxed{} = \underline{\qquad\qquad}$

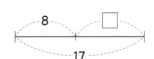

① $5 + \boxed{} = 14$ $\boxed{} = 14 - 5$

➡ $\boxed{} = \underline{}$

⑥ $8 + \boxed{} = 13$

➡ $\boxed{} = \underline{}$

② $9 + \boxed{} = 16$

➡ $\boxed{} = \underline{}$

⑦ $7 + \boxed{} = 15$

➡ $\boxed{} = \underline{}$

③ $8 + \boxed{} = 11$

➡ $\boxed{} = \underline{}$

⑧ $9 + \boxed{} = 18$

➡ $\boxed{} = \underline{}$

④ $6 + \boxed{} = 14$

➡ $\boxed{} = \underline{}$

⑨ $5 + \boxed{} = 11$

➡ $\boxed{} = \underline{}$

⑤ $7 + \boxed{} = 13$

➡ $\boxed{} = \underline{}$

⑩ $4 + \boxed{} = 12$

➡ $\boxed{} = \underline{}$

① □ + 6 = 15 ➡ □ = <u>　15 - 6　</u> ➡ □ = <u>　9　</u>

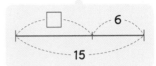

② □ + 3 = 12 ➡ □ = _____ ➡ □ = _____

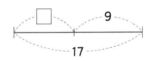

③ □ + 9 = 17 ➡ □ = _____ ➡ □ = _____

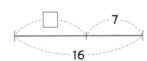

④ □ + 7 = 16 ➡ □ = _____ ➡ □ = _____

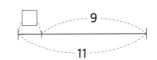

⑤ □ + 9 = 11 ➡ □ = _____ ➡ □ = _____

① $\square + 4 = 11$ $\square = 11 - 4$

➡ $\square =$ _____

② $\square + 9 = 15$

➡ $\square =$ _____

③ $\square + 5 = 12$

➡ $\square =$ _____

④ $\square + 8 = 16$

➡ $\square =$ _____

⑤ $\square + 5 = 14$

➡ $\square =$ _____

⑥ $\square + 7 = 13$

➡ $\square =$ _____

⑦ $\square + 4 = 12$

➡ $\square =$ _____

⑧ $\square + 7 = 14$

➡ $\square =$ _____

⑨ $\square + 9 = 16$

➡ $\square =$ _____

⑩ $\square + 3 = 11$

➡ $\square =$ _____

① $13 - \boxed{} = 6$ ➡ $\boxed{} = \underline{\quad 13 - 6 \quad}$ ➡ $\boxed{} = \underline{\quad 7 \quad}$

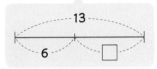

② $16 - \boxed{} = 7$ ➡ $\boxed{} = \underline{\qquad\qquad}$ ➡ $\boxed{} = \underline{\qquad}$

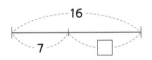

③ $14 - \boxed{} = 9$ ➡ $\boxed{} = \underline{\qquad\qquad}$ ➡ $\boxed{} = \underline{\qquad}$

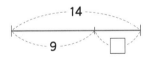

④ $17 - \boxed{} = 8$ ➡ $\boxed{} = \underline{\qquad\qquad}$ ➡ $\boxed{} = \underline{\qquad}$

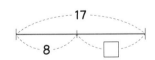

⑤ $15 - \boxed{} = 8$ ➡ $\boxed{} = \underline{\qquad\qquad}$ ➡ $\boxed{} = \underline{\qquad}$

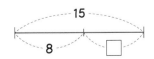

① $12 - \boxed{} = 8$ $\boxed{} = 12 - 8$

➡ $\boxed{} = \underline{}$

② $15 - \boxed{} = 6$

➡ $\boxed{} = \underline{}$

③ $11 - \boxed{} = 9$

➡ $\boxed{} = \underline{}$

④ $13 - \boxed{} = 5$

➡ $\boxed{} = \underline{}$

⑤ $16 - \boxed{} = 9$

➡ $\boxed{} = \underline{}$

⑥ $18 - \boxed{} = 9$

➡ $\boxed{} = \underline{}$

⑦ $14 - \boxed{} = 5$

➡ $\boxed{} = \underline{}$

⑧ $17 - \boxed{} = 9$

➡ $\boxed{} = \underline{}$

⑨ $11 - \boxed{} = 3$

➡ $\boxed{} = \underline{}$

⑩ $13 - \boxed{} = 7$

➡ $\boxed{} = \underline{}$

① $\square - 7 = 5$ ➡ $\square =$ ___5 + 7___ ➡ $\square =$ ___12___

또는 7 + 5

$\square$
5 ⌣ 7

② $\square - 9 = 2$ ➡ $\square =$ _____ ➡ $\square =$ _____

$\square$
2 ⌣ 9

③ $\square - 5 = 9$ ➡ $\square =$ _____ ➡ $\square =$ _____

$\square$
9 ⌣ 5

④ $\square - 6 = 7$ ➡ $\square =$ _____ ➡ $\square =$ _____

$\square$
7 ⌣ 6

⑤ $\square - 8 = 9$ ➡ $\square =$ _____ ➡ $\square =$ _____

$\square$
9 ⌣ 8

① $\square - 9 = 8$ $\square = 8 + 9$

➡ $\square =$ _____

② $\square - 5 = 6$

➡ $\square =$ _____

③ $\square - 4 = 9$

➡ $\square =$ _____

④ $\square - 8 = 8$

➡ $\square =$ _____

⑤ $\square - 9 = 3$

➡ $\square =$ _____

⑥ $\square - 7 = 9$

➡ $\square =$ _____

⑦ $\square - 8 = 6$

➡ $\square =$ _____

⑧ $\square - 7 = 8$

➡ $\square =$ _____

⑨ $\square - 6 = 6$

➡ $\square =$ _____

⑩ $\square - 8 = 5$

➡ $\square =$ _____

① $3 + \boxed{} = 11$

➡ $\boxed{} = \underline{}$

② $9 + \boxed{} = 14$

➡ $\boxed{} = \underline{}$

③ $\boxed{} + 6 = 12$

➡ $\boxed{} = \underline{}$

④ $\boxed{} + 8 = 15$

➡ $\boxed{} = \underline{}$

⑤ $\boxed{} + 8 = 17$

➡ $\boxed{} = \underline{}$

⑥ $13 - \boxed{} = 4$

➡ $\boxed{} = \underline{}$

⑦ $11 - \boxed{} = 7$

➡ $\boxed{} = \underline{}$

⑧ $\boxed{} - 9 = 5$

➡ $\boxed{} = \underline{}$

⑨ $\boxed{} - 3 = 9$

➡ $\boxed{} = \underline{}$

⑩ $\boxed{} - 7 = 6$

➡ $\boxed{} = \underline{}$

① 준영이는 **9**살이에요.

몇 살을 더 먹으면 **17**살이 될까요?
+□

식 $9 + \boxed{} = 17$

답 _____ 살

② 색종이 **15**장에서 몇 장을 사용하였더니
-□
8장이 남았어요.

사용한 색종이는 몇 장일까요?

식 _____

답 _____ 장

③ 유미가 쟁반에 담겨 있는 귤 중에서 **8**개를 먹었더니
□
6개가 남았어요.

처음 쟁반에 담겨 있던 귤은 몇 개였을까요?

식 _____

답 _____ 개

2권 끝!
3권으로 넘어갈까요?

앗!

본책의 정답과 풀이를 분실하셨나요?
길벗스쿨 홈페이지에 들어오시면 내려받으실 수 있습니다.
https://school.gilbut.co.kr/

기적의 계산법

정답

정답

2권

엄마표 학습 생활기록부

11 단계
<학습기간>　　월　　일 ~　　월　　일

계획 준수	① 매우 잘함	② 잘함	③ 보통	④ 노력 요함	종합의견	
원리 이해	① 매우 잘함	② 잘함	③ 보통	④ 노력 요함		
시간 단축	① 매우 잘함	② 잘함	③ 보통	④ 노력 요함		
정확성	① 매우 잘함	② 잘함	③ 보통	④ 노력 요함		

12 단계
<학습기간>　　월　　일 ~　　월　　일

계획 준수	① 매우 잘함	② 잘함	③ 보통	④ 노력 요함	종합의견	
원리 이해	① 매우 잘함	② 잘함	③ 보통	④ 노력 요함		
시간 단축	① 매우 잘함	② 잘함	③ 보통	④ 노력 요함		
정확성	① 매우 잘함	② 잘함	③ 보통	④ 노력 요함		

13 단계
<학습기간>　　월　　일 ~　　월　　일

계획 준수	① 매우 잘함	② 잘함	③ 보통	④ 노력 요함	종합의견	
원리 이해	① 매우 잘함	② 잘함	③ 보통	④ 노력 요함		
시간 단축	① 매우 잘함	② 잘함	③ 보통	④ 노력 요함		
정확성	① 매우 잘함	② 잘함	③ 보통	④ 노력 요함		

14 단계
<학습기간>　　월　　일 ~　　월　　일

계획 준수	① 매우 잘함	② 잘함	③ 보통	④ 노력 요함	종합의견	
원리 이해	① 매우 잘함	② 잘함	③ 보통	④ 노력 요함		
시간 단축	① 매우 잘함	② 잘함	③ 보통	④ 노력 요함		
정확성	① 매우 잘함	② 잘함	③ 보통	④ 노력 요함		

15 단계
<학습기간>　　월　　일 ~　　월　　일

계획 준수	① 매우 잘함	② 잘함	③ 보통	④ 노력 요함	종합의견	
원리 이해	① 매우 잘함	② 잘함	③ 보통	④ 노력 요함		
시간 단축	① 매우 잘함	② 잘함	③ 보통	④ 노력 요함		
정확성	① 매우 잘함	② 잘함	③ 보통	④ 노력 요함		

16 단계

<학습기간>　　월　　일 ~　　월　　일

					종합의견	
계획 준수	① 매우 잘함	② 잘함	③ 보통	④ 노력 요함		
원리 이해	① 매우 잘함	② 잘함	③ 보통	④ 노력 요함		
시간 단축	① 매우 잘함	② 잘함	③ 보통	④ 노력 요함		
정확성	① 매우 잘함	② 잘함	③ 보통	④ 노력 요함		

17 단계

<학습기간>　　월　　일 ~　　월　　일

					종합의견	
계획 준수	① 매우 잘함	② 잘함	③ 보통	④ 노력 요함		
원리 이해	① 매우 잘함	② 잘함	③ 보통	④ 노력 요함		
시간 단축	① 매우 잘함	② 잘함	③ 보통	④ 노력 요함		
정확성	① 매우 잘함	② 잘함	③ 보통	④ 노력 요함		

18 단계

<학습기간>　　월　　일 ~　　월　　일

					종합의견	
계획 준수	① 매우 잘함	② 잘함	③ 보통	④ 노력 요함		
원리 이해	① 매우 잘함	② 잘함	③ 보통	④ 노력 요함		
시간 단축	① 매우 잘함	② 잘함	③ 보통	④ 노력 요함		
정확성	① 매우 잘함	② 잘함	③ 보통	④ 노력 요함		

19 단계

<학습기간>　　월　　일 ~　　월　　일

					종합의견	
계획 준수	① 매우 잘함	② 잘함	③ 보통	④ 노력 요함		
원리 이해	① 매우 잘함	② 잘함	③ 보통	④ 노력 요함		
시간 단축	① 매우 잘함	② 잘함	③ 보통	④ 노력 요함		
정확성	① 매우 잘함	② 잘함	③ 보통	④ 노력 요함		

20 단계

<학습기간>　　월　　일 ~　　월　　일

					종합의견	
계획 준수	① 매우 잘함	② 잘함	③ 보통	④ 노력 요함		
원리 이해	① 매우 잘함	② 잘함	③ 보통	④ 노력 요함		
시간 단축	① 매우 잘함	② 잘함	③ 보통	④ 노력 요함		
정확성	① 매우 잘함	② 잘함	③ 보통	④ 노력 요함		

11단계

10을 가르고 모으기, 10의 덧셈과 뺄셈

11단계에서 배우는 10의 보수 개념은 십진법 덧셈과 뺄셈의 핵심 계산 원리입니다.
이 개념을 이용해 10이 되는 더하기와 10에서 빼기를 덧셈식과 뺄셈식으로 훈련합니다.
손가락이나 반구체물을 사용하지 않고도 수와 식만 보고 답을 알 수 있도록 노력합니다.

지도가이드

1 Day

11쪽 Ⓐ

① 9
② 3
③ 7
④ 8
⑤ 5
⑥ 2
⑦ 8
⑧ 6
⑨ 4
⑩ 9
⑪ 6
⑫ 3
⑬ 2
⑭ 6
⑮ 3

12쪽 Ⓑ

① 1
② 4
③ 5
④ 7
⑤ 5
⑥ 9
⑦ 8
⑧ 4
⑨ 9
⑩ 3
⑪ 7
⑫ 2
⑬ 6
⑭ 10
⑮ 1
⑯ 6
⑰ 6
⑱ 7
⑲ 3
⑳ 8
㉑ 3
㉒ 2
㉓ 4
㉔ 9
㉕ 5
㉖ 1
㉗ 8

2 Day

13쪽 Ⓐ

① 7
② 5
③ 4
④ 9
⑤ 2
⑥ 4
⑦ 3
⑧ 8
⑨ 1
⑩ 6
⑪ 6
⑫ 2
⑬ 2
⑭ 5
⑮ 1

14쪽 Ⓑ

① 5
② 3
③ 8
④ 4
⑤ 9
⑥ 6
⑦ 7
⑧ 6
⑨ 4
⑩ 9
⑪ 2
⑫ 4
⑬ 3
⑭ 1
⑮ 2
⑯ 5
⑰ 7
⑱ 8
⑲ 8
⑳ 6
㉑ 7
㉒ 1
㉓ 3
㉔ 2
㉕ 1
㉖ 5
㉗ 9

3 Day

15쪽 Ⓐ

① 3
② 2
③ 1
④ 5
⑤ 9
⑥ 6
⑦ 4
⑧ 5
⑨ 7
⑩ 8
⑪ 3
⑫ 2
⑬ 1
⑭ 6
⑮ 3

16쪽 Ⓑ

① 7
② 2
③ 1
④ 3
⑤ 5
⑥ 8
⑦ 7
⑧ 5
⑨ 4
⑩ 5
⑪ 6
⑫ 9
⑬ 6
⑭ 9
⑮ 3
⑯ 4
⑰ 4
⑱ 6
⑲ 7
⑳ 8
㉑ 1
㉒ 3
㉓ 2
㉔ 2
㉕ 9
㉖ 1
㉗ 8

4 Day

17쪽 Ⓐ

① 4
② 8
③ 3
④ 6
⑤ 1
⑥ 5
⑦ 7
⑧ 1
⑨ 9
⑩ 2
⑪ 3
⑫ 5
⑬ 1
⑭ 1
⑮ 2

18쪽 Ⓑ

① 8
② 3
③ 9
④ 4
⑤ 7
⑥ 9
⑦ 7
⑧ 4
⑨ 9
⑩ 6
⑪ 2
⑫ 5
⑬ 2
⑭ 8
⑮ 6
⑯ 1
⑰ 3
⑱ 8
⑲ 1
⑳ 4
㉑ 5
㉒ 7
㉓ 2
㉔ 3
㉕ 6
㉖ 1
㉗ 5

5 Day

19쪽 Ⓐ

① 8
② 2
③ 5
④ 4
⑤ 7
⑥ 9
⑦ 5
⑧ 3
⑨ 6
⑩ 1
⑪ 4
⑫ 1
⑬ 8
⑭ 4
⑮ 2

20쪽 Ⓑ

① 9
② 2
③ 6
④ 5
⑤ 1
⑥ 2
⑦ 9
⑧ 7
⑨ 9
⑩ 3
⑪ 4
⑫ 2
⑬ 4
⑭ 5
⑮ 1
⑯ 6
⑰ 8
⑱ 6
⑲ 7
⑳ 8
㉑ 7
㉒ 5
㉓ 8
㉔ 1
㉕ 3
㉖ 4
㉗ 3

12 단계

연이은 덧셈, 뺄셈

12단계에서는 두 수의 합이 10 또는 두 수의 차가 10인 식을 이용하여 연이은 덧셈과 뺄셈을 좀 더 빠르게 계산하는 연습을 합니다. 아이가 연이은 계산을 빠르게 풀 수 있는 규칙과 방법을 알아내고 스스로 적용할 수 있도록 지도해 주세요. 이를 통해 전략적인 사고력을 기를 수 있습니다.

지도가이드

1 Day

23쪽 Ⓐ

① 13	⑪ 16	㉑ 18
② 15	⑫ 18	㉒ 15
③ 18	⑬ 14	㉓ 14
④ 12	⑭ 13	㉔ 18
⑤ 17	⑮ 11	㉕ 15
⑥ 15	⑯ 12	㉖ 17
⑦ 13	⑰ 15	㉗ 13
⑧ 16	⑱ 16	㉘ 16
⑨ 15	⑲ 14	㉙ 11
⑩ 19	⑳ 17	㉚ 16

24쪽 Ⓑ

① 3	⑪ 8	㉑ 3
② 7	⑫ 6	㉒ 2
③ 5	⑬ 9	㉓ 9
④ 6	⑭ 2	㉔ 9
⑤ 8	⑮ 5	㉕ 6
⑥ 4	⑯ 9	㉖ 6
⑦ 5	⑰ 1	㉗ 9
⑧ 2	⑱ 7	㉘ 8
⑨ 8	⑲ 5	㉙ 10
⑩ 7	⑳ 6	㉚ 8

2 Day

25쪽 Ⓐ

① 16	⑪ 13	㉑ 16
② 15	⑫ 17	㉒ 19
③ 14	⑬ 11	㉓ 14
④ 15	⑭ 12	㉔ 15
⑤ 14	⑮ 13	㉕ 11
⑥ 16	⑯ 12	㉖ 15
⑦ 11	⑰ 14	㉗ 18
⑧ 18	⑱ 12	㉘ 13
⑨ 17	⑲ 14	㉙ 19
⑩ 16	⑳ 16	㉚ 14

26쪽 Ⓑ

① 7	⑪ 5	㉑ 9
② 4	⑫ 9	㉒ 6
③ 8	⑬ 3	㉓ 6
④ 2	⑭ 7	㉔ 2
⑤ 8	⑮ 5	㉕ 4
⑥ 4	⑯ 9	㉖ 9
⑦ 5	⑰ 1	㉗ 8
⑧ 2	⑱ 6	㉘ 9
⑨ 8	⑲ 9	㉙ 6
⑩ 7	⑳ 6	㉚ 8

3 Day

27쪽 Ⓐ

① 14	⑪ 13	㉑ 19
② 17	⑫ 15	㉒ 18
③ 12	⑬ 16	㉓ 17
④ 15	⑭ 16	㉔ 13
⑤ 14	⑮ 11	㉕ 19
⑥ 16	⑯ 12	㉖ 14
⑦ 19	⑰ 14	㉗ 17
⑧ 12	⑱ 17	㉘ 18
⑨ 13	⑲ 13	㉙ 12
⑩ 15	⑳ 13	㉚ 13

28쪽 Ⓑ

① 8	⑪ 6	㉑ 10
② 3	⑫ 7	㉒ 2
③ 5	⑬ 4	㉓ 7
④ 6	⑭ 2	㉔ 5
⑤ 8	⑮ 8	㉕ 9
⑥ 4	⑯ 9	㉖ 9
⑦ 8	⑰ 9	㉗ 6
⑧ 2	⑱ 6	㉘ 1
⑨ 8	⑲ 3	㉙ 10
⑩ 7	⑳ 1	㉚ 7

4 Day

29쪽 Ⓐ

① 16	⑪ 16	㉑ 13
② 15	⑫ 14	㉒ 18
③ 16	⑬ 15	㉓ 19
④ 17	⑭ 12	㉔ 18
⑤ 14	⑮ 11	㉕ 14
⑥ 12	⑯ 11	㉖ 14
⑦ 13	⑰ 15	㉗ 17
⑧ 16	⑱ 11	㉘ 17
⑨ 15	⑲ 14	㉙ 19
⑩ 19	⑳ 16	㉚ 13

30쪽 Ⓑ

① 9	⑪ 3	㉑ 8
② 4	⑫ 4	㉒ 6
③ 1	⑬ 3	㉓ 7
④ 7	⑭ 9	㉔ 1
⑤ 9	⑮ 5	㉕ 7
⑥ 4	⑯ 9	㉖ 9
⑦ 6	⑰ 5	㉗ 2
⑧ 2	⑱ 2	㉘ 8
⑨ 4	⑲ 7	㉙ 3
⑩ 7	⑳ 9	㉚ 2

5 Day

31쪽 Ⓐ

① 12	⑪ 18	㉑ 15
② 14	⑫ 15	㉒ 13
③ 11	⑬ 11	㉓ 14
④ 17	⑭ 17	㉔ 13
⑤ 16	⑮ 12	㉕ 18
⑥ 13	⑯ 14	㉖ 15
⑦ 11	⑰ 15	㉗ 18
⑧ 17	⑱ 18	㉘ 19
⑨ 15	⑲ 13	㉙ 12
⑩ 16	⑳ 19	㉚ 13

32쪽 Ⓑ

① 6	⑪ 4	㉑ 4
② 8	⑫ 7	㉒ 6
③ 3	⑬ 10	㉓ 7
④ 5	⑭ 4	㉔ 8
⑤ 2	⑮ 2	㉕ 8
⑥ 9	⑯ 5	㉖ 1
⑦ 5	⑰ 1	㉗ 2
⑧ 7	⑱ 1	㉘ 3
⑨ 2	⑲ 9	㉙ 9
⑩ 6	⑳ 4	㉚ 8

13 단계

받아올림이 있는 (몇)+(몇)

13단계는 합이 십몇인 한 자리 수의 덧셈으로 받아올림이 있는 덧셈의 기초 학습입니다.
받아올림이 있는 덧셈을 연습하는데 10이 되는 덧셈은 매우 중요합니다. 아이가 이 단계를
능숙하게 하지 못한다면 11단계인 10의 덧셈과 뺄셈을 더 연습하도록 지도해 주세요.

지도가이드

1 Day

35쪽 A

① 10	⑪ 13	㉑ 16
② 11	⑫ 14	㉒ 13
③ 12	⑬ 11	㉓ 14
④ 10	⑭ 12	㉔ 17
⑤ 11	⑮ 12	㉕ 13
⑥ 12	⑯ 15	㉖ 11
⑦ 13	⑰ 14	㉗ 11
⑧ 10	⑱ 15	㉘ 12
⑨ 11	⑲ 16	㉙ 14
⑩ 12	⑳ 11	㉚ 14

36쪽 B

	+5	+7	+9	+6	+8
6	11	13	15	12	14
9	14	16	18	15	17
8	13	15	17	14	16
5	10	12	14	11	13
7	12	14	16	13	15

2 Day

37쪽 A

① 11	⑪ 14	㉑ 12
② 11	⑫ 16	㉒ 13
③ 12	⑬ 15	㉓ 13
④ 11	⑭ 13	㉔ 12
⑤ 15	⑮ 12	㉕ 15
⑥ 12	⑯ 14	㉖ 14
⑦ 11	⑰ 11	㉗ 16
⑧ 13	⑱ 17	㉘ 16
⑨ 13	⑲ 18	㉙ 14
⑩ 12	⑳ 13	㉚ 14

38쪽 B

	+8	+6	+7	+9	+5
8	16	14	15	17	13
5	13	11	12	14	10
9	17	15	16	18	14
7	15	13	14	16	12
6	14	12	13	15	11

3 Day

39쪽 A

① 18	⑪ 14	㉑ 12
② 13	⑫ 12	㉒ 13
③ 13	⑬ 11	㉓ 12
④ 12	⑭ 13	㉔ 17
⑤ 11	⑮ 16	㉕ 12
⑥ 14	⑯ 14	㉖ 14
⑦ 13	⑰ 16	㉗ 12
⑧ 13	⑱ 15	㉘ 11
⑨ 17	⑲ 12	㉙ 11
⑩ 14	⑳ 11	㉚ 15

40쪽 B

	+7	+8	+5	+6	+9
9	16	17	14	15	18
7	14	15	12	13	16
6	13	14	11	12	15
5	12	13	10	11	14
8	15	16	13	14	17

4 Day

41쪽 A

① 14	⑪ 15	㉑ 14
② 16	⑫ 18	㉒ 13
③ 11	⑬ 13	㉓ 11
④ 15	⑭ 13	㉔ 14
⑤ 13	⑮ 11	㉕ 12
⑥ 17	⑯ 15	㉖ 14
⑦ 12	⑰ 12	㉗ 12
⑧ 15	⑱ 14	㉘ 11
⑨ 11	⑲ 11	㉙ 16
⑩ 16	⑳ 11	㉚ 13

42쪽 B

	+9	+5	+8	+6	+7
5	14	10	13	11	12
6	15	11	14	12	13
9	18	14	17	15	16
7	16	12	15	13	14
8	17	13	16	14	15

5 Day

43쪽 A

① 11	⑪ 16	㉑ 14
② 13	⑫ 11	㉒ 11
③ 14	⑬ 14	㉓ 16
④ 11	⑭ 12	㉔ 17
⑤ 11	⑮ 12	㉕ 18
⑥ 12	⑯ 11	㉖ 12
⑦ 15	⑰ 15	㉗ 13
⑧ 15	⑱ 12	㉘ 13
⑨ 14	⑲ 13	㉙ 11
⑩ 12	⑳ 14	㉚ 12

44쪽 B

	+6	+9	+7	+5	+8
7	13	16	14	12	15
8	14	17	15	13	16
9	15	18	16	14	17
6	12	15	13	11	14
5	11	14	12	10	13

14단계

받아내림이 있는 (십몇)−(몇)

14단계는 빼지는 수가 십몇인 뺄셈으로 10을 이용하여 계산합니다. 이 학습은 받아내림이 있는 뺄셈의 기초가 되므로 능숙하게 할 수 있을 때까지 연습합니다. 아이들은 덧셈보다 뺄셈을 더 어렵게 생각할 수 있으므로 여러 번 반복하여 뺄셈에 자신감을 가질 수 있도록 지도해 주세요.

지도가이드

1 Day

47쪽 A

① 10	⑪ 9	㉑ 3
② 9	⑫ 2	㉒ 8
③ 8	⑬ 5	㉓ 5
④ 10	⑭ 8	㉔ 9
⑤ 9	⑮ 7	㉕ 7
⑥ 8	⑯ 7	㉖ 6
⑦ 9	⑰ 8	㉗ 5
⑧ 4	⑱ 6	㉘ 9
⑨ 8	⑲ 3	㉙ 5
⑩ 6	⑳ 8	㉚ 9

48쪽 B

	−9	−6	−8	−7	−5
14	5	8	6	7	9
11	2	5	3	4	6
12	3	6	4	5	7
13	4	7	5	6	8
15	6	9	7	8	10

2 Day

49쪽 A

① 6	⑪ 6	㉑ 8
② 8	⑫ 3	㉒ 3
③ 9	⑬ 8	㉓ 7
④ 8	⑭ 9	㉔ 7
⑤ 5	⑮ 8	㉕ 6
⑥ 9	⑯ 7	㉖ 9
⑦ 5	⑰ 6	㉗ 4
⑧ 4	⑱ 5	㉘ 8
⑨ 7	⑲ 9	㉙ 6
⑩ 9	⑳ 8	㉚ 9

50쪽 B

	−6	−8	−5	−9	−7
12	6	4	7	3	5
15	9	7	10	6	8
13	7	5	8	4	6
11	5	3	6	2	4
14	8	6	9	5	7

3 Day

51쪽 A

① 7	⑪ 9	㉑ 9
② 4	⑫ 2	㉒ 6
③ 6	⑬ 6	㉓ 8
④ 4	⑭ 9	㉔ 8
⑤ 5	⑮ 7	㉕ 8
⑥ 5	⑯ 9	㉖ 3
⑦ 9	⑰ 5	㉗ 4
⑧ 9	⑱ 7	㉘ 9
⑨ 8	⑲ 3	㉙ 7
⑩ 5	⑳ 8	㉚ 6

52쪽 B

	−7	−8	−5	−6	−9
14	7	6	9	8	5
12	5	4	7	6	3
15	8	7	10	9	6
13	6	5	8	7	4
11	4	3	6	5	2

4 Day

53쪽 A

① 5	⑪ 7	㉑ 7
② 8	⑫ 8	㉒ 6
③ 9	⑬ 5	㉓ 4
④ 8	⑭ 8	㉔ 9
⑤ 5	⑮ 4	㉕ 9
⑥ 2	⑯ 6	㉖ 9
⑦ 5	⑰ 7	㉗ 6
⑧ 8	⑱ 9	㉘ 6
⑨ 9	⑲ 7	㉙ 8
⑩ 3	⑳ 9	㉚ 3

54쪽 B

	−6	−7	−9	−5	−8
15	9	8	6	10	7
14	8	7	5	9	6
11	5	4	2	6	3
13	7	6	4	8	5
12	6	5	3	7	4

5 Day

55쪽 A

① 8	⑪ 3	㉑ 6
② 7	⑫ 9	㉒ 7
③ 3	⑬ 7	㉓ 8
④ 6	⑭ 4	㉔ 9
⑤ 9	⑮ 5	㉕ 9
⑥ 7	⑯ 7	㉖ 9
⑦ 5	⑰ 8	㉗ 6
⑧ 7	⑱ 9	㉘ 5
⑨ 8	⑲ 4	㉙ 9
⑩ 8	⑳ 9	㉚ 6

56쪽 B

	−8	−5	−9	−7	−6
13	5	8	4	6	7
11	3	6	2	4	5
15	7	10	6	8	9
12	4	7	3	5	6
14	6	9	5	7	8

15 단계

받아올림/받아내림이 있는 덧셈과 뺄셈 종합

15단계는 받아올림이 있는 덧셈과 받아내림이 있는 뺄셈이 섞여 있는 학습입니다.
아이의 성취 정도에 따라 이 단계를 건너뛸 수도 있지만 최종 점검 차원에서 다시 한 번
풀어 보게 해 주세요. 반복 학습은 계산 실력을 다지고 나아가 자신감을 가지게 할 것입니다.

지도가이드

1 Day

59쪽 Ⓐ

① 17
② 7
③ 11
④ 8
⑤ 13
⑥ 5
⑦ 18
⑧ 8
⑨ 12
⑩ 7

⑪ 13
⑫ 9
⑬ 14
⑭ 3
⑮ 12
⑯ 6
⑰ 11
⑱ 5
⑲ 11
⑳ 6

㉑ 14
㉒ 3
㉓ 13
㉔ 9
㉕ 16
㉖ 5
㉗ 14
㉘ 6
㉙ 12
㉚ 6

60쪽 Ⓑ

① 12
② 6
③ 15
④ 8
⑤ 15
⑥ 8

⑦ 14
⑧ 8
⑨ 13
⑩ 9
⑪ 13
⑫ 7

⑬ 17
⑭ 6
⑮ 16
⑯ 2
⑰ 11
⑱ 7

⑲ 11
⑳ 10
㉑ 12
㉒ 4
㉓ 15
㉔ 9

2 Day

61쪽 Ⓐ

① 13
② 8
③ 12
④ 9
⑤ 13
⑥ 6
⑦ 16
⑧ 8
⑨ 11
⑩ 9

⑪ 15
⑫ 6
⑬ 14
⑭ 5
⑮ 12
⑯ 9
⑰ 11
⑱ 4
⑲ 11
⑳ 3

㉑ 12
㉒ 9
㉓ 14
㉔ 6
㉕ 16
㉖ 9
㉗ 11
㉘ 9
㉙ 14
㉚ 7

62쪽 Ⓑ

① 14
② 8
③ 15
④ 7
⑤ 11
⑥ 4

⑦ 14
⑧ 5
⑨ 15
⑩ 8
⑪ 17
⑫ 8

⑬ 11
⑭ 3
⑮ 15
⑯ 7
⑰ 12
⑱ 6

⑲ 16
⑳ 5
㉑ 12
㉒ 2
㉓ 15
㉔ 8

3 Day

63쪽 Ⓐ

① 13	⑪ 12	㉑ 12
② 6	⑫ 8	㉒ 3
③ 18	⑬ 12	㉓ 17
④ 7	⑭ 3	㉔ 5
⑤ 16	⑮ 12	㉕ 14
⑥ 8	⑯ 8	㉖ 5
⑦ 11	⑰ 13	㉗ 14
⑧ 9	⑱ 5	㉘ 9
⑨ 13	⑲ 12	㉙ 11
⑩ 8	⑳ 8	㉚ 9

64쪽 Ⓑ

① 11	⑦ 11	⑬ 16	⑲ 13
② 9	⑧ 6	⑭ 8	⑳ 7
③ 11	⑨ 18	⑮ 12	㉑ 12
④ 9	⑩ 7	⑯ 9	㉒ 6
⑤ 14	⑪ 14	⑰ 13	㉓ 11
⑥ 8	⑫ 4	⑱ 7	㉔ 4

4 Day

65쪽 Ⓐ

① 17	⑪ 14	㉑ 12
② 8	⑫ 4	㉒ 7
③ 13	⑬ 16	㉓ 17
④ 7	⑭ 8	㉔ 7
⑤ 16	⑮ 13	㉕ 15
⑥ 3	⑯ 6	㉖ 8
⑦ 13	⑰ 15	㉗ 12
⑧ 6	⑱ 9	㉘ 7
⑨ 15	⑲ 12	㉙ 13
⑩ 4	⑳ 5	㉚ 8

66쪽 Ⓑ

① 15	⑦ 14	⑬ 12	⑲ 12
② 8	⑧ 7	⑭ 5	⑳ 2
③ 13	⑨ 11	⑮ 13	㉑ 11
④ 8	⑩ 9	⑯ 4	㉒ 9
⑤ 16	⑪ 12	⑰ 12	㉓ 11
⑥ 9	⑫ 6	⑱ 9	㉔ 8

5 Day

67쪽 Ⓐ

① 12	⑪ 11	㉑ 16
② 6	⑫ 8	㉒ 9
③ 14	⑬ 11	㉓ 15
④ 7	⑭ 2	㉔ 9
⑤ 15	⑮ 11	㉕ 14
⑥ 6	⑯ 7	㉖ 8
⑦ 17	⑰ 12	㉗ 18
⑧ 7	⑱ 5	㉘ 8
⑨ 13	⑲ 17	㉙ 11
⑩ 8	⑳ 9	㉚ 8

68쪽 Ⓑ

① 16	⑦ 14	⑬ 14	⑲ 18
② 9	⑧ 9	⑭ 3	⑳ 3
③ 13	⑨ 13	⑮ 11	㉑ 13
④ 7	⑩ 5	⑯ 6	㉒ 8
⑤ 15	⑪ 13	⑰ 12	㉓ 13
⑥ 7	⑫ 9	⑱ 6	㉔ 4

16 단계

(두 자리 수)+(한 자리 수)

16단계는 받아올림이 있는 (두 자리 수)+(한 자리 수)의 계산으로 앞 단계에서 배운 받아올림을 확장한 학습입니다. 간혹 아이가 십의 자리로 받아올림한 수를 생각하지 않고 계산하는 실수를 할 수 있으므로 이 점을 유의해 지도해 주세요.

지도가이드

1 Day

71쪽 Ⓐ

① 70	⑦ 86	⑬ 64	⑲ 91
② 23	⑧ 41	⑭ 38	⑳ 55
③ 40	⑨ 92	⑮ 61	㉑ 84
④ 53	⑩ 36	⑯ 84	㉒ 73
⑤ 61	⑪ 72	⑰ 20	㉓ 44
⑥ 92	⑫ 34	⑱ 82	㉔ 53

72쪽 Ⓑ

① 40	⑪ 74	㉑ 81
② 85	⑫ 62	㉒ 21
③ 31	⑬ 70	㉓ 62
④ 90	⑭ 33	㉔ 93
⑤ 93	⑮ 22	㉕ 65
⑥ 35	⑯ 56	㉖ 74
⑦ 20	⑰ 86	㉗ 32
⑧ 96	⑱ 41	㉘ 43
⑨ 67	⑲ 50	㉙ 54
⑩ 31	⑳ 44	㉚ 21

2 Day

73쪽 Ⓐ

① 20	⑦ 80	⑬ 31	⑲ 60
② 44	⑧ 78	⑭ 52	⑳ 21
③ 54	⑨ 96	⑮ 68	㉑ 72
④ 83	⑩ 35	⑯ 23	㉒ 45
⑤ 71	⑪ 82	⑰ 95	㉓ 56
⑥ 21	⑫ 92	⑱ 31	㉔ 84

74쪽 Ⓑ

① 30	⑪ 87	㉑ 82
② 22	⑫ 85	㉒ 94
③ 92	⑬ 90	㉓ 41
④ 74	⑭ 65	㉔ 55
⑤ 66	⑮ 21	㉕ 71
⑥ 42	⑯ 51	㉖ 52
⑦ 50	⑰ 71	㉗ 66
⑧ 88	⑱ 63	㉘ 22
⑨ 44	⑲ 40	㉙ 55
⑩ 33	⑳ 37	㉚ 24

3 Day

75쪽 Ⓐ

① 40	⑦ 82	⑬ 91	⑲ 30
② 66	⑧ 22	⑭ 72	⑳ 21
③ 93	⑨ 36	⑮ 61	㉑ 44
④ 52	⑩ 43	⑯ 85	㉒ 25
⑤ 71	⑪ 91	⑰ 58	㉓ 37
⑥ 24	⑫ 50	⑱ 74	㉔ 81

76쪽 Ⓑ

① 60	⑪ 83	㉑ 75
② 92	⑫ 31	㉒ 35
③ 43	⑬ 80	㉓ 92
④ 96	⑭ 42	㉔ 63
⑤ 51	⑮ 84	㉕ 71
⑥ 63	⑯ 57	㉖ 56
⑦ 20	⑰ 95	㉗ 33
⑧ 34	⑱ 45	㉘ 72
⑨ 22	⑲ 50	㉙ 21
⑩ 61	⑳ 21	㉚ 86

4 Day

77쪽 Ⓐ

① 80	⑦ 65	⑬ 25	⑲ 31
② 72	⑧ 92	⑭ 44	⑳ 50
③ 77	⑨ 26	⑮ 60	㉑ 82
④ 98	⑩ 31	⑯ 55	㉒ 61
⑤ 83	⑪ 95	⑰ 44	㉓ 32
⑥ 43	⑫ 52	⑱ 84	㉔ 96

78쪽 Ⓑ

① 60	⑪ 93	㉑ 64
② 41	⑫ 41	㉒ 27
③ 21	⑬ 80	㉓ 76
④ 92	⑭ 74	㉔ 34
⑤ 71	⑮ 83	㉕ 52
⑥ 41	⑯ 51	㉖ 53
⑦ 20	⑰ 64	㉗ 73
⑧ 92	⑱ 43	㉘ 86
⑨ 35	⑲ 30	㉙ 97
⑩ 56	⑳ 25	㉚ 33

5 Day

79쪽 Ⓐ

① 31	⑦ 26	⑬ 63	⑲ 80
② 64	⑧ 91	⑭ 72	⑳ 74
③ 82	⑨ 45	⑮ 40	㉑ 82
④ 55	⑩ 94	⑯ 26	㉒ 27
⑤ 72	⑪ 61	⑰ 33	㉓ 61
⑥ 60	⑫ 53	⑱ 43	㉔ 86

80쪽 Ⓑ

① 50	⑪ 97	㉑ 85
② 82	⑫ 63	㉒ 41
③ 62	⑬ 90	㉓ 37
④ 92	⑭ 24	㉔ 51
⑤ 71	⑮ 52	㉕ 66
⑥ 44	⑯ 68	㉖ 76
⑦ 40	⑰ 70	㉗ 34
⑧ 31	⑱ 75	㉘ 55
⑨ 23	⑲ 82	㉙ 21
⑩ 47	⑳ 22	㉚ 92

(두 자리 수)-(한 자리 수)

17단계는 받아내림이 있는 (두 자리 수)-(한 자리 수)의 계산으로 앞 단계에서 배운 받아내림을 확장한 학습입니다. 뺄셈을 세로셈으로 계산할 때 덧셈의 세로셈과 혼동하여 받아내리기 전의 십의 자리 숫자와 받아내린 후의 십의 자리 숫자를 더하는 실수를 하지 않도록 지도해 주세요.

지도가이드

1 Day

83쪽 Ⓐ

① 62	⑦ 26	⑬ 78	⑲ 47
② 38	⑧ 87	⑭ 19	⑳ 85
③ 66	⑨ 55	⑮ 73	㉑ 33
④ 14	⑩ 78	⑯ 89	㉒ 48
⑤ 38	⑪ 14	⑰ 26	㉓ 52
⑥ 68	⑫ 57	⑱ 45	㉔ 78

84쪽 Ⓑ

① 15	⑪ 34	㉑ 84
② 37	⑫ 29	㉒ 68
③ 72	⑬ 66	㉓ 88
④ 55	⑭ 58	㉔ 57
⑤ 49	⑮ 65	㉕ 89
⑥ 78	⑯ 54	㉖ 23
⑦ 33	⑰ 79	㉗ 46
⑧ 49	⑱ 86	㉘ 29
⑨ 76	⑲ 29	㉙ 17
⑩ 11	⑳ 18	㉚ 65

2 Day

85쪽 Ⓐ

① 76	⑦ 45	⑬ 67	⑲ 55
② 26	⑧ 86	⑭ 38	⑳ 37
③ 58	⑨ 28	⑮ 19	㉑ 77
④ 87	⑩ 18	⑯ 37	㉒ 56
⑤ 44	⑪ 63	⑰ 79	㉓ 82
⑥ 18	⑫ 37	⑱ 69	㉔ 25

86쪽 Ⓑ

① 59	⑪ 74	㉑ 85
② 19	⑫ 19	㉒ 18
③ 34	⑬ 47	㉓ 85
④ 49	⑭ 86	㉔ 29
⑤ 31	⑮ 22	㉕ 23
⑥ 56	⑯ 45	㉖ 68
⑦ 17	⑰ 66	㉗ 27
⑧ 63	⑱ 39	㉘ 52
⑨ 74	⑲ 74	㉙ 49
⑩ 28	⑳ 58	㉚ 85

3 Day

87쪽 Ⓐ

① 15	⑦ 53	⑬ 28	⑲ 86
② 32	⑧ 72	⑭ 48	⑳ 19
③ 43	⑨ 29	⑮ 67	㉑ 54
④ 86	⑩ 35	⑯ 19	㉒ 44
⑤ 58	⑪ 86	⑰ 76	㉓ 68
⑥ 25	⑫ 87	⑱ 46	㉔ 59

88쪽 Ⓑ

① 66	⑪ 78	㉑ 28
② 16	⑫ 28	㉒ 39
③ 28	⑬ 76	㉓ 81
④ 32	⑭ 56	㉔ 18
⑤ 57	⑮ 84	㉕ 36
⑥ 29	⑯ 63	㉖ 78
⑦ 45	⑰ 47	㉗ 66
⑧ 85	⑱ 67	㉘ 47
⑨ 55	⑲ 16	㉙ 55
⑩ 19	⑳ 48	㉚ 33

4 Day

89쪽 Ⓐ

① 28	⑦ 86	⑬ 46	⑲ 76
② 35	⑧ 18	⑭ 57	⑳ 41
③ 17	⑨ 38	⑮ 27	㉑ 67
④ 82	⑩ 19	⑯ 46	㉒ 28
⑤ 52	⑪ 75	⑰ 68	㉓ 84
⑥ 34	⑫ 59	⑱ 88	㉔ 59

90쪽 Ⓑ

① 55	⑪ 29	㉑ 36
② 66	⑫ 17	㉒ 19
③ 28	⑬ 37	㉓ 85
④ 87	⑭ 89	㉔ 67
⑤ 44	⑮ 19	㉕ 26
⑥ 25	⑯ 57	㉖ 48
⑦ 18	⑰ 73	㉗ 73
⑧ 48	⑱ 48	㉘ 58
⑨ 69	⑲ 77	㉙ 33
⑩ 39	⑳ 54	㉚ 64

5 Day

91쪽 Ⓐ

① 19	⑦ 36	⑬ 55	⑲ 67
② 46	⑧ 76	⑭ 29	⑳ 14
③ 74	⑨ 23	⑮ 85	㉑ 58
④ 43	⑩ 68	⑯ 49	㉒ 76
⑤ 37	⑪ 54	⑰ 88	㉓ 19
⑥ 28	⑫ 77	⑱ 57	㉔ 32

92쪽 Ⓑ

① 66	⑪ 87	㉑ 43
② 29	⑫ 33	㉒ 25
③ 15	⑬ 55	㉓ 66
④ 27	⑭ 44	㉔ 76
⑤ 67	⑮ 86	㉕ 79
⑥ 51	⑯ 78	㉖ 56
⑦ 35	⑰ 18	㉗ 78
⑧ 19	⑱ 48	㉘ 34
⑨ 37	⑲ 49	㉙ 59
⑩ 84	⑳ 67	㉚ 28

18 단계

두 자리 수와 한 자리 수의 덧셈과 뺄셈 종합

지도가이드

18단계는 (두 자리 수)±(한 자리 수)의 계산을 총정리하는 학습으로 큰 수의 덧셈과 뺄셈을 위한 기초가 됩니다. 또한 덧셈과 뺄셈을 번갈아 가며 계산하면 덧셈과 뺄셈 방법의 차이를 확실히 알 수 있습니다. 계산 실력에 자신감이 붙도록 훈련하세요.

1 Day

95쪽 Ⓐ

① 54	⑦ 3	⑬ 23	⑲ 73
② 57	⑧ 34	⑭ 81	⑳ 69
③ 40	⑨ 51	⑮ 57	㉑ 4
④ 20	⑩ 14	⑯ 31	㉒ 89
⑤ 36	⑪ 43	⑰ 40	㉓ 47
⑥ 91	⑫ 28	⑱ 95	㉔ 18

96쪽 Ⓑ

① 6	⑪ 20	㉑ 77
② 31	⑫ 83	㉒ 22
③ 54	⑬ 7	㉓ 26
④ 42	⑭ 58	㉔ 32
⑤ 14	⑮ 36	㉕ 6
⑥ 28	⑯ 94	㉖ 72
⑦ 73	⑰ 67	㉗ 19
⑧ 60	⑱ 30	㉘ 85
⑨ 83	⑲ 59	㉙ 29
⑩ 92	⑳ 64	㉚ 62

2 Day

97쪽 Ⓐ

① 48	⑦ 26	⑬ 33	⑲ 68
② 80	⑧ 53	⑭ 94	⑳ 9
③ 30	⑨ 79	⑮ 21	㉑ 19
④ 70	⑩ 37	⑯ 44	㉒ 86
⑤ 21	⑪ 34	⑰ 44	㉓ 27
⑥ 37	⑫ 48	⑱ 67	㉔ 56

98쪽 Ⓑ

① 5	⑪ 27	㉑ 59
② 81	⑫ 81	㉒ 31
③ 49	⑬ 16	㉓ 41
④ 32	⑭ 56	㉔ 93
⑤ 78	⑮ 8	㉕ 89
⑥ 42	⑯ 52	㉖ 24
⑦ 43	⑰ 44	㉗ 6
⑧ 70	⑱ 90	㉘ 42
⑨ 63	⑲ 85	㉙ 66
⑩ 23	⑳ 21	㉚ 83

3 Day

99쪽 Ⓐ

① 78	⑦ 32	⑬ 41	⑲ 56
② 30	⑧ 25	⑭ 61	⑳ 89
③ 70	⑨ 26	⑮ 54	㉑ 34
④ 22	⑩ 8	⑯ 91	㉒ 49
⑤ 57	⑪ 48	⑰ 21	㉓ 29
⑥ 91	⑫ 36	⑱ 73	㉔ 35

100쪽 Ⓑ

① 18	⑪ 10	㉑ 36
② 83	⑫ 51	㉒ 64
③ 5	⑬ 16	㉓ 9
④ 55	⑭ 84	㉔ 32
⑤ 21	⑮ 27	㉕ 43
⑥ 63	⑯ 62	㉖ 42
⑦ 81	⑰ 52	㉗ 69
⑧ 70	⑱ 85	㉘ 75
⑨ 35	⑲ 85	㉙ 74
⑩ 25	⑳ 33	㉚ 35

4 Day

101쪽 Ⓐ

① 29	⑦ 58	⑬ 22	⑲ 18
② 90	⑧ 22	⑭ 41	⑳ 63
③ 50	⑨ 8	⑮ 73	㉑ 88
④ 80	⑩ 45	⑯ 93	㉒ 7
⑤ 17	⑪ 48	⑰ 36	㉓ 28
⑥ 61	⑫ 77	⑱ 57	㉔ 47

102쪽 Ⓑ

① 53	⑪ 70	㉑ 37
② 52	⑫ 74	㉒ 31
③ 8	⑬ 38	㉓ 63
④ 32	⑭ 96	㉔ 27
⑤ 73	⑮ 7	㉕ 26
⑥ 61	⑯ 31	㉖ 63
⑦ 23	⑰ 42	㉗ 3
⑧ 80	⑱ 90	㉘ 62
⑨ 84	⑲ 29	㉙ 86
⑩ 44	⑳ 24	㉚ 43

5 Day

103쪽 Ⓐ

① 81	⑦ 43	⑬ 32	⑲ 35
② 48	⑧ 12	⑭ 72	⑳ 88
③ 60	⑨ 2	⑮ 62	㉑ 17
④ 20	⑩ 66	⑯ 84	㉒ 79
⑤ 42	⑪ 39	⑰ 23	㉓ 5
⑥ 31	⑫ 56	⑱ 56	㉔ 48

104쪽 Ⓑ

① 63	⑪ 84	㉑ 37
② 50	⑫ 53	㉒ 93
③ 9	⑬ 36	㉓ 8
④ 23	⑭ 88	㉔ 45
⑤ 78	⑮ 6	㉕ 45
⑥ 34	⑯ 36	㉖ 33
⑦ 33	⑰ 28	㉗ 69
⑧ 70	⑱ 80	㉘ 22
⑨ 54	⑲ 59	㉙ 39
⑩ 65	⑳ 33	㉚ 27

19 단계

덧셈과 뺄셈의 혼합 계산

19단계에서는 혼합 계산으로 연이은 덧셈, 연이은 뺄셈, 덧셈과 뺄셈이 섞여 있는 계산을 학습합니다. 받아올림과 받아내림이 있는 연산을 포함하고 있어서 아이가 어렵게 느낄 수 있습니다. 그럴 때에는 앞에서부터 두 수씩 차례대로 차근차근 계산하면 어렵지 않다는 것을 알려 주세요.

지도가이드

1 Day

107쪽 Ⓐ		108쪽 Ⓑ		
① 16	⑪ 15	① 33	② 69	③ 53
② 36	⑫ 17	38	65	45
③ 23	⑬ 16	46	58	52
④ 23	⑭ 30	55	51	46
⑤ 43	⑮ 47	58	45	51
⑥ 4	⑯ 18	65	40	47
⑦ 11	⑰ 23	70	32	50
⑧ 4	⑱ 16	78	29	48
⑨ 4	⑲ 52	82	22	49
⑩ 4	⑳ 13	91	13	42

2 Day

109쪽 Ⓐ		110쪽 Ⓑ		
① 26	⑪ 18	① 40	② 46	③ 71
② 31	⑫ 16	48	45	66
③ 26	⑬ 14	53	40	73
④ 20	⑭ 27	62	32	69
⑤ 35	⑮ 35	69	29	76
⑥ 12	⑯ 20	71	23	67
⑦ 7	⑰ 45	80	21	73
⑧ 8	⑱ 11	85	17	65
⑨ 9	⑲ 23	91	13	73
⑩ 8	⑳ 15	99	6	64

3 Day

111쪽 Ⓐ

① 33		⑪ 28	
② 32		⑫ 13	
③ 24		⑬ 38	
④ 73		⑭ 19	
⑤ 26		⑮ 73	
⑥ 13		⑯ 18	
⑦ 0		⑰ 31	
⑧ 23		⑱ 60	
⑨ 8		⑲ 21	
⑩ 10		⑳ 16	

112쪽 Ⓑ

① 20	② 82	③ 42
26	73	33
35	71	40
39	62	34
44	56	43
52	48	39
61	39	42
69	34	35
74	27	40
80	19	38

4 Day

113쪽 Ⓐ

① 43		⑪ 74	
② 29		⑫ 16	
③ 29		⑬ 25	
④ 39		⑭ 38	
⑤ 55		⑮ 21	
⑥ 48		⑯ 62	
⑦ 11		⑰ 15	
⑧ 0		⑱ 37	
⑨ 20		⑲ 26	
⑩ 39		⑳ 38	

114쪽 Ⓑ

① 16	② 85	③ 37
25	78	28
34	71	36
43	64	29
52	57	34
61	50	28
70	43	35
79	36	27
88	29	31
97	22	23

5 Day

115쪽 Ⓐ

① 30		⑪ 36	
② 36		⑫ 55	
③ 37		⑬ 67	
④ 54		⑭ 18	
⑤ 43		⑮ 27	
⑥ 46		⑯ 17	
⑦ 10		⑰ 41	
⑧ 9		⑱ 13	
⑨ 31		⑲ 62	
⑩ 8		⑳ 15	

116쪽 Ⓑ

① 24	② 64	③ 72
32	60	63
39	51	66
41	44	58
47	42	64
56	37	59
60	29	66
65	23	58
72	15	67
81	9	62

20 단계

1학년 방정식

구하려고 하는 ☐의 값이 전체일 때에는 덧셈식으로 만들고, ☐의 값이 부분을 나타낼 때에는 전체에서 다른 부분을 빼는 뺄셈식으로 만들면 됩니다. 덧셈에서는 받아올림, 뺄셈에서는 받아내림에 주의해서 계산할 수 있도록 지도해 주세요.

지도가이드

1 Day

119쪽 Ⓐ

① 13-9, 4
② 11-2, 9
③ 13-6, 7
④ 12-5, 7
⑤ 17-8, 9

120쪽 Ⓑ

① 9   ⑥ 5
② 7   ⑦ 8
③ 3   ⑧ 9
④ 8   ⑨ 6
⑤ 6   ⑩ 8

2 Day

121쪽 Ⓐ

① 15-6, 9
② 12-3, 9
③ 17-9, 8
④ 16-7, 9
⑤ 11-9, 2

122쪽 Ⓑ

① 7   ⑥ 6
② 6   ⑦ 8
③ 7   ⑧ 7
④ 8   ⑨ 7
⑤ 9   ⑩ 8

3 Day

123쪽 Ⓐ

① 13-6, 7
② 16-7, 9
③ 14-9, 5
④ 17-8, 9
⑤ 15-8, 7

124쪽 Ⓑ

① 4
② 9
③ 2
④ 8
⑤ 7
⑥ 9
⑦ 9
⑧ 8
⑨ 8
⑩ 6

4 Day

125쪽 Ⓐ

① 5+7 또는 7+5, 12
② 2+9 또는 9+2, 11
③ 9+5 또는 5+9, 14
④ 7+6 또는 6+7, 13
⑤ 9+8 또는 8+9, 17

126쪽 Ⓑ

① 17
② 11
③ 13
④ 16
⑤ 12
⑥ 16
⑦ 14
⑧ 15
⑨ 12
⑩ 13

5 Day

127쪽 Ⓐ

① 8
② 5
③ 6
④ 7
⑤ 9
⑥ 9
⑦ 4
⑧ 14
⑨ 12
⑩ 13

128쪽 Ⓑ

① 예 9+□=17, 8
② 예 15-□=8, 7
③ 예 □-8=6, 14

수고하셨습니다.
다음 단계로 올라갈까요?

기적의
계산법

길벗스쿨

기적의 학습서

" 오늘도 한 뼘 자랐습니다. "